KB104067

초등학생을 위한

150년 하버드 글쓰기 비법

초등학생을 위한

150년 하버드 글쓰기 비법

송숙희 지음

유노라이프
LIFE

학부모님께 드리는 글

"우리 아이도 글 잘 쓰게 도와주세요"

저는 《150년 하버드 글쓰기 비법》을 쓴 저자이자 글쓰기 코치입니다. 이 책은 하버드 대학교가 150년 동안이나 글쓰기 교육에 매달려 온 이유와 하버드생들이 4년 내내 배우는 글쓰기에 대해 다뤘습니다.

놀랍게도 하버드가 전수해 온 글쓰기 비법은 논문이나 리포터 쓰기 같은 학구적인 글쓰기가 아니라 핵심을 빠르고 명료하게 전하는 논리적인 글쓰기가 전부였습니다. 이 공공연한 비밀을 한 권으로 정리한 《150년 하버드 글쓰기 비법》은 그야말로 각계각층의 수많은 독자들이 사서 읽고 호응했습니다.

책을 읽고 보내오는 감사 인사와 친절한 리뷰 메시지를 접하고 저는 먼저, 이 책을 읽은 독자가 이렇게나 많다니, 하고 놀랐습니다. 두 번째는 전혀 다른 이유로 더 놀랐습니다. 책을 접한 학부모님들에게 글쓰기와 관련한 숨겨진 절실한 바람이 있다는 사실을 알게 되었기 때문입니다.

"우리 아이도 글을 잘 쓰게 도와주세요."

이 책은《150년 하버드 글쓰기 비법》을 읽고 보내온 독자와 학부모님의 요청에 대한 저의 답변입니다.

아이를 위해서라면 어떤 수고도 마다하지 않는 이 세상 모든 엄마들께 이 책을 드립니다. 더 나아가, 알고 보면 엄마보다 더 많은 시간을 아이와 함께하는 두 번째 엄마인 선생님들께도 이 책을 드립니다. 아무쪼록 이 책이 아이들의 글쓰기를 위해 열정을 아끼지 않는 모든 분들께 조금이나마 도움이 되면 좋겠습니다.

송숙희 드림

나는 물 위를 걸을 수도,

바다를 가를 수도 없다.

다만 아이들을 사랑할 뿐.

-마바 콜린스(Marva Collins)

들어가는 글

하버드생처럼 하루 10분 글쓰기의 기적

초등학생인 아이가 혹시 이런 증상을 보이지는 않나요?

'고학년이 되면서 국어가 어렵다는 말을 자주 한다.'

'학원에 빠지지 않고 다니는데 성적이 오르지 않는다.'

'인터넷으로 학습지를 하는데 잠시도 집중하지 못한다.'

'책을 많이 읽는데 물어보면 기억을 하지 못한다.'

'토론 수업이 있으면 전날부터 끙끙댄다.'

'말끝을 흐리며 유치원생처럼 말한다.'

이런 고민 때문에 이 책을 펼쳤다면, 당신은 역시 내 아이에 관한 최고 전문가입니다. 아이를 눈여겨보지 않으면 발견할 수 없는 문제들이거든요. 그리고 이 문제를 그냥 봐 넘기지 않고 해결하려고 하니까요.

아이가 이런 종류의 어려움을 겪는 것은 국어 실력이 달리기 때문입니다. 국어 실력은 읽기와 쓰기, 말하기, 듣기를 모두 포함합니다. 따라서 국어 실력이 부족하면 국어 과목뿐만 아니라 수학, 과학, 예체능 과목도 제대로 배우고 이해할 수 없고, 더 나아가 학교생활에서도 어려움을 겪습니다.

초등학생의 국어 실력 부진이 정말 위험한 이유는 상급 학교에 진학해서도, 학교를 졸업하고 사회에 나가서도, 그러니까 인생의 전반에 걸쳐서 크고 작은 문제점을 지속적으로 유발하기 때문입니다. 오죽하면 "국어 실력이 진짜 경쟁력"이라는 말까지 있을까요.

국어 실력 = 생각하는 힘

문제를 짚었으니 해결책도 찾아봐야죠. 어떻게 하면 국어 실력을 향상시킬 수 있을까요? 읽기는 어떻게 해야 할까요? 쓰기, 말하기, 듣기는 어떻게 잘하게 만들까요?

한자를 가르쳐 어휘력을 높여 줄까요? 속독 학원에 보내 볼까요? 매일 일기를 쓰게 할까요? 문법을 잡으면 국어 실력이 좋아지지 않을까요? 받아쓰기를 시켜 볼까요? 논술 학원에 보내는 건 어떨까요? 아, 속담이나 고사성어로 하는 카드 놀이는 어때요? 만화 학습 전집을 사 줄까요? 요즘 한창 유행한다는 스마트 학습지도 괜찮지 않나요?

하나하나 참 좋은 방법들입니다. 그런데 국어 실력을 높이는 결정적인 방법은 아닙니다. 바로잡고 싶은 결과가 있다면 그 결과를 만든 직접적인 원인을 찾아 해결해야 합니다. 결론부터 말씀드리면, 아이의 국어 실력이 부진한 원인은 단 하나입니다. '생각하는 힘'이 부족하기 때문입니다.

'글쓰기부전증'에 시달리는 아이들

저는 20년 경력의 글쓰기 코치입니다. 각계각층에서 다양한 직업인으로 활약하는 사람들이 저에게 글쓰기를 지도받습니다. 많은 분들이 저를 찾아와 이런 어려움을 호소합니다.

'글쓰기는 엄두가 나지 않아 시작도 하지 못하고 만다.'

'쓰다 말다, 말다 쓰다 반복하다가 끝내 한 편의 글도 끝내지 못한다.'

'쓰긴 쓰는데, 횡설수설 뭘 쓰는지 모르고 쓴다.'

다들 '글쓰기부전증(不全症)'으로 어려움을 겪는 것이지요. 글쓰기 부전증은 제가 글쓰기 코칭 현장에서 글쓰기 때문에 어려움을 겪는 사람들을 보고 만든 말입니다. '글을 잘 쓰지 못하는 증상 혹은 글쓰기를 못해 실력이나 능력을 제대로 발휘하지 못하는 고질적 병증'을 의미합니다.

글쓰기부전증이 치명적인 것은 그저 '글을 못 쓴다'는 정도에서 그치지 않고 '무능하다'라고까지 오해받기 때문입니다. 직업 세계에서 무능하다고 한번 낙인이 찍히면 승진할 수 없고 당연히 고액 연봉도 기대하기 어렵지요.

성인만 글쓰기에 어려움을 겪는 것이 아닙니다. 오히려 본격적으로 글쓰기를 접하기 시작하는 초등학생이 더 많이 겪을 수 있습니다. 혹시 당신의 아이도 이런 어려움을 겪지 않나요?

'많이 쓰기는 하는데 핵심을 빠뜨린다.'

'체험 학습 보고서를 두 줄도 채 못 쓴다.'

'쓰기 숙제를 한다면서 내내 딴청만 한다.'

'잔뜩 써 놓기는 하는데 무슨 말을 하려는지 알 수 없다.'

'아는 것은 많은데 서술형 문제만 나오면 절절맨다.'

'시험을 볼 때, 시간이 모자라 다 못 썼다고 핑계를 댄다.'

'책을 많이 읽는데 쓰기를 힘들어한다.'

글쓰기부전증 초기 증상입니다. 저에게 글쓰기를 배우는 초등학교 선생님, 사교육 선생님, 학습지 선생님, 학부모님이 하소연하는 것을 들어보면, 참으로 많은 초등학생이 글쓰기부전증으로 힘들어 한다는 사실을 알 수 있습니다.

글쓰기부전증에 시달리는 아이는 고학년 공부를 따라가기 어렵고 서술형 평가 등 선진형 시험에서 좋은 성적을 얻기 어렵습니다. 뿐만 아니라, 일찌감치 국어 포기자가 되어 '불국어'가 당락을 결정하는 '수능 허들'도 넘을 수 없습니다. 글쓰기부전증이 아직 초기인 초등학교 때 잡아 주지 못하면 어른이 되어서도 심하게 고생합니다.

논리적 글쓰기의 골든타임

초등 아이가 겪는 글쓰기부전증 초기 증상 역시 사고력 부족이 원인입니다. 국어 실력이 부진한 것도, 글쓰기에 절절매는 것도 생각하는 능력이 부진해서입니다. 그러면 이제 생각하는 힘을 어떻게 길러 줄까를 고민해 봅니다.

초등 4학년 교과 과정부터는 본격적으로 논리적 사고력을 요구합니다. 이에 맞춰서 논리적으로 생각하고 표현하는 사고력을 다지게 도와야 합니다. 논리적으로 생각하는 힘이 달리면 자기주도적으로 공부할 수 없습니다. 공부 잘하는 아이들이 공통적으로 가지고 있는 메타 인지(공부한 것을 제대로 아는지 모르는지 구분하는 능력)가 떨어지기 때문입니다. 알아서 공부하는 자세와 역량은 앞으로 온라인 학습이 강화되면 더욱 중요해질 것입니다.

21세기 미래 인재를 키우겠다는 목표로 융합 사고력을 길러 주는 데 온힘을 기울이는 미국에서는 초등학교 때부터 논리적 글쓰기를 가르칩니다. 논리적 사고력을 키우려면 논리적으로 글을 쓰는 것이 유일한 방법이기 때문입니다.

여기, 우리 아이에게도 '하버드식 하루 10분 글쓰기'를 처방합니다. 이 처방은 초등학교 아이의 논리적 사고력을 길러 주기 위해 고안한 글쓰기 연습법입니다. 미국 아이들이 학교와 집에서 연습하는 '오레오 라이팅 기법(OREO Writing Method)'을 바탕으로 만들었습니다. 하버드 대학교에서 4년 내내 가르치는 글쓰기 수업의 핵심 기법이자, 컨설팅 업체 맥킨지 같은 세계 최고의 두뇌 집단에서 논리적 사고를 연습할 때 사용하는 방법입니다. 논리적으로 생각하는 힘을 길러서 공부든 삶이든 평생 발목 잡히는 일이 없게끔 합니다.

초등 4학년 무렵이면 아이의 정신은 다음 단계로 성장할 준비를 합니다. 그 전에는 생각을 말하고 느낌을 표현하는 것이 미숙해도 '어리니까'라며 그런 대로 받아들여집니다. 하지만 초등 4학년이 되면 읽고 경험하고 배운 것을 분별하고 이해하고 정리해서 표현할 수 있어야 합니다. 논리적 사고의 기초 단계까지 정신이 성장해야 합니다. 교과 과정도 4학년부터는 논리적 사고를 필요로 합니다.

이렇듯 우리 아이의 사고 능력은 초등 4학년을 전후로 폭발적으로 성장해야 합니다. 이 중요한 시기에 아이에게는 정신의 이유식이 필요합니다. 모유만 먹던 아이에게 다음 단계의 성장에 직결되는 영양소를 챙겨 이유식으로 해 먹이던 때를 생각해 보세요. 젖 뗄 무렵 아이의 이유식이 엄마의 몫이었듯, 정신적 성장을 위한 적기 이유식도 엄마가 적임자입니다. 정신의 이유식은 간단합니다. 아이가 이 책에서 소개하는 '오레오 공식'으로 매일 10분씩 4문장만 쓰게 도와주면 됩니다.

"아휴, 나는 글을 못 써서 못해요."

그렇게 말씀하실 줄 알았어요. 피겨 스타 김연아 엄마는 피겨 잘 타나요? 세계적 바둑 천재 이세돌 엄마는 바둑을 잘 두었나요? 아이가 매일 10분씩 쓰게 돕자고 했을 뿐입니다. 걱정하지 말고 엄마는 거들기만 하면 됩니다. 아이들은 초등 3학년 때부터 학교에서 글쓰기에 대해 다 배웁니다. 체험 보고서든, 서술형 평가든 아이가 쓴 글을 평가하는 것은 선생님이 다 해 줍니다. 엄마는 그저 아이가 매일 10분씩 쓰기를 돕기만 하면 됩니다.

아이의 읽기 수준, 아이의 관심사, 아이의 생활 습관을 고려하여 아이의 쓰기를 지지하고 응원하며 매일 쓰게 만들기는 선생님도, 학원 선생님도, 입시 전문가 '쓰앵님'도 못 합니다. 이 일을 할 사람은 엄마밖에 없습니다. 엄마는 내 아이에 관한 한 최고 전문가니까요. 엄마는 늘 아이 곁에 있으니까요.

하버드생처럼 하루 10분 글쓰기의 기적

지금 한창 인문학 전문가로 활발하게 활약하는 조승연 님. 그가 첫 책을 내기 위해 저와 만났을 때, 그는 22살이었습니다. 그 나이에 '공부도 기술'이라는 주제로 책 한 권 분량의 원고를 완성한 저력이 놀라왔습니다. 그 책이 성공해서 억대 인세를 받아 학비에 보태기도 했습니다. 초등학교 때 국어 점수 30점이던 그가 글쓰기로 학비를 벌고 인문학 전문가로 성장할 수 있게 된 것은 지식이나 정보를 받아들이는 데 그치지 않고 가공하여 자신의 생각으로 만들고 그 생각을 논리적으로 표현해 온 습관 덕분이라고 합니다.

우리 아이도 매일 10분씩 오레오 공식으로 논리 정연하게 글 쓰는 연습을 하면 조승연급 엄친아가 될는지도 모릅니다. 아니, 이참에 우리 아이를 하버드생처럼 논리적인 글을 잘 쓰는 '하버드 키즈'로 키워 보면 어떨까요? 실제로 하버드에서 20년 동안 글쓰기를 가르쳐 온 낸시 소머스 교수는 어릴 때 하루 10분이라도 쓰면서 자란 학생이 대학에서도 글을 잘 쓴다고 증언합니다.

이 책은 아이가 하루 10분씩 오레오 공식을 활용하여 짧은 글을 쓰며 논리적으로 생각하도록 연습하는 방법을 알려 줍니다. 하버드생이 4년 내내 배우는 논리적 사고 비법을 오레오 공식 하나로 정리하여 쉽고 재밌고 빠르게 배울 수 있습니다. 특히 초등 4학년 전후 아이에게 논리적으로 생각하고 표현할 줄 아는 탄탄한 사고 체력을 길러 줍니다.

이 책은 대한민국 최고의 글쓰기 코치라 자부하는 제가 코칭 현장에서 경험한 내용을 바탕으로 후배 엄마인 당신에게 전수하는 엄마표 글쓰기 홈트 프로그램이기도 합니다. 엄마가 먼저 훑어보고 아이에게 선물하세요. 먼저 생각하기와 글쓰기에 대한 엄마의 부담이 사라질 것입니다. 그러고 나면 아이의 부담도 없애 줄 수 있을 것입니다.

이 책으로 오레오 공식을 구구단처럼 외워 무슨 생각에든 써먹게 해 주세요. 달달한 크림에 초코 쿠키가 환상적인 오레오처럼 맛있게 쓸 수 있다고 아이에게 알려 주세요. 글쓰기가 얼마나 쉬운지, 생각과 자료를 모아 레고처럼 조립하면 된다고 알려 주세요. 게임처럼 글쓰기도 실제로 하다 보면 점점 더 잘하게 된다고 말해 주세요. 아이들과 함께 오레오 쿠키를 우유에 찍어 먹으며 오레오 공식으로 글쓰기를 연습하는 시간을 가져 보세요. 당신에게 아이는 두고두고 이렇게 인사할 겁니다.

"고마워요 엄마, 생각하는 방법을 가르쳐 주셔서."

송숙희

이 책을 익히면 할 수 있는 것들

첫째, 하버드 글쓰기 비법을 익혀서 아이의 사고 체력을 탄탄하게 만들어 준다.

하버드 대학생이 4년 내내 배우는 논리적 글쓰기 수업을 '오레오 4줄 공식'으로 정리하여 알려 줍니다. 아이가 쉽고 재밌게 논리적으로 생각하는 법을 배웁니다. 이를 바탕으로 논리적 글쓰기와 말하고 토론하는 의사소통 능력을 기릅니다.

둘째, 하버드생처럼 하루 10분 글쓰기로 아이의 공부머리를 길러 준다.

읽기, 쓰기, 듣기, 말하기 등 국어 실력은 생각하는 힘에 달려 있고, 생각하는 힘은 글쓰기로만 향상됩니다. 오레오 4줄 공식을 구구단처럼 외워 사용하면 생각하는 능력이 초고속으로 개발되어 국어 실력이 부쩍부쩍 좋아집니다. 국어 실력은 모든 공부의 바탕이 되기에 아이의 학교 성적이 저절로 좋아집니다. 공부머리가 확 트이고, 서술형 시험과 수행평가가 쉬워집니다.

셋째, 하버드 에세이 쓰기로 평생 써먹는 글쓰기 능력을 만들어 준다.

하루 10분씩 오레오 공식으로 글쓰기를 연습하면 논리적으로 생각하기에 능숙해집니다. 내친김에 세계 최고 수준인 하버드 에세이 쓰기까지 도전하게 도와주세요. 하버드 수준의 에세이를 쓸 줄 알면 대입 논술에서 자기소개서, 면접 준비까지 만만하게 공략할 수 있습니다. 논리적으로 생각하고 쓰는 능력을 갖추면, 아이가 원하고 엄마가 바라는 어떤 성공도 결코 꿈만은 아닙니다. 하버드 대학교 졸업생처럼요.

차례

2장

"오레오로 생각하고 오레오로 말하게 하라"

하버드생처럼 생각하기

3장

"더도 덜도 말고 하루 10분만 쓰게 하라"

하버드생처럼 글쓰기

4장

"내신 성적부터 수능 대비까지 오레오로 대비하라"

하버드생처럼 공부하기

5장

"일생에 한번은 글쓰기에 미쳐라"

하버드생처럼 에세이 쓰기

"아이의 미래를 위해 엄마가 해야 할 단 한 가지"

하버드 키즈의 탄생

150년 넘게 하버드가 글쓰기를 가르치는 이유

일본이 낳은 세계적인 인공지능 전문가 아라이 노리코 교수는 도쿄 대학교에 입학할 만큼 충분히 공부를 잘하는 인공지능 로봇을 개발했습니다. 그리고 대입 시험에 응시하게 했습니다. 결과는 탈락! 이후에도 인공지능 로봇은 4번이나 도쿄대 입학시험에 도전하지만 실패한 끝에 도쿄대 입학을 아예 포기합니다.

아라이 노리코 교수는 인공지능 로봇이 도쿄대 입시에 실패한 이유로 독해력 부족을 꼽습니다. 인공지능 로봇은 의미를 알아야 처리할 수 있는 과제는 수행하지 못한다는 것이 노리코 교수의 결론입니다. 그리고 만일 사람들이 고도의 독해력을 바탕으로 유연한 판단을 할 수 없게 된다면 로봇에게 종속당할 것이라며, 초등학교 때부터 독해력를 기르는 데 박차를 가해야 한다고 강조합니다.

독해력은 사실 관계를 제대로 이해하고 논리적으로 추론하는 능력을 필요로 합니다. 논리적 사고라는 기초 없이는 불가능한 능력이지요. 그래서 논리적으로 생각하고 표현할 줄 아는 아이는 초등 4학년 무렵부터 공부에 두각을 나타냅니다. 이후의 공부는 논리적 사고력에 크게 좌우됩니다. 특히 대입 시험 당락을 결정하는 수능 국어에서 고득점을 얻으려면 논리적 사고력은 필수입니다.

여기쯤 읽고 나면 당신은 궁금하겠지요. 우리 아이는 논리적으로 생각할 줄 알까? 논리적 사고력은 어떻게 길러 줘야 하지?

좋은 생각에는 좋은 글쓰기가 필수

저는 《150년 하버드 글쓰기 비법》이란 책을 써 큰 사랑을 받았습니다. 이 책을 쓸 수 있었던 것은 하버드 대학교의 글쓰기 비결이 따로 있어서가 아닙니다. 사실 150년 동안이나 글쓰기 교육에 매달린 것 자체가 하버드만의 비법입니다. 하버드는 4년 내내 글쓰기를 중심으로 공부합니다. 1~2학년에서 필수로 글쓰기 과목을 수강하게 하고, 전공과 학년에 상관없이 글쓰기 중심으로 수업을 합니다.

하버드가 이렇게 글쓰기 교육에 집착하는 것은 학생을 사회 각계 각층의 리더로 키워 내기 위해서입니다. 하버드는 리더에게 필수적으로 요구되는 탁월한 사고 능력을 길러 주는 방법으로 글쓰기를 선택한 것입니다.

"쓰기와 생각은 불가분의 관계이고 좋은 생각에는 좋은 글쓰기가 필요하다."

하버드 대학교뿐만 아니라 세계의 유명한 대학은 글쓰기를 집중적으로 가르칩니다. 미국과 유럽의 선진국에서는 기업도 임직원의 글쓰기 교육에 돈과 시간을 아끼지 않습니다. 코로나 19 사태로도 확인했듯, 불확실하고 변화무쌍하고 예측 불가능한 현상과 사회적 변화 속에서 기업이 생존하려면 전 구성원이 혁신적으로 사고하고 소통해야 하는데, 그 중심에 글쓰기 능력이 있으니까요. 사고 능력을 길러 주는 방법은 글쓰기뿐이니까요.

엄마들이 직구를 많이 하는 대표 쇼핑몰 아마존의 경우, 보고나 회의에 파워포인트를 쓰지 못하게 합니다. 회장이 참여하는 회의부터 직원들이 주고받는 보고까지 서술형 문서를 쓰도록 제한합니다. 이런 방침을 오래 고수해 온 제프 베이조스 아마존 회장은 그래야 안건에 대해 명료하게 생각하고 구체적으로 표현하여 빠르고 정확하게 소통할 수 있다고 믿습니다.

이처럼 기업들은 생존을 위해 글쓰기 교육에 투자합니다. 그러면서 대학들을 향해 학생들이 졸업할 때 글쓰기 능력을 갖추도록 해달라고 간청합니다.

생각하기가 힘인 시대, 글쓰기는 생각하기를 배우는 최고의 방법이 아니라 유일한 방법입니다. 다시 당신의 아이에게로 생각의 물꼬를 돌려봅니다. 우리 아이는 논리적으로 생각하며 배운 것을 이해할까요? 또 배운 것을 논리적으로 풀어 쓰는 능력이 있을까요?

무능한 사람으로 낙인찍히지 않으려면

인공지능이 활개 치는 시대가 되었지만, 오히려 글쓰기를 배우는 사람들이 급증합니다. 글을 잘 쓰지 못하면 그저 글 좀 못 쓰는 정도가 아니라 무능한 사람으로 오인받기 때문입니다. 그리고 이러한 선입견은 웬만해서 바로잡을 수 없습니다.

글을 잘 쓰는 능력을 가진 사람은 그저 글을 잘 쓰는 사람으로 인정받는 데 그치지 않습니다. 유능한 사람으로 인식합니다. 직장에서 수행하는 업무의 대부분은 글쓰기가 좌우하고, 잘 읽히는 글, 잘 먹히는 글을 쓸 줄 아는 능력은 독자로부터 관심, 돈, 시간을 투자받는 프로페셔널의 덕목이 되었습니다.

초등학교에서 논리적 사고력을 갖춘 아이는 발표를 또박또박 잘하고 짧은 글도 요점을 담아 분명하게 쓰는 것으로 드러납니다. 이런 정도만으로도 아이들 사이에서 두드러집니다. 이런 것만으로도 아이의 자존감은 높아집니다.

이렇듯 초등학생에서 직장인까지, 유능함과 매력과 영향력을 발휘하는 핵심에는 글쓰기 능력이 있습니다. 이런 이유로 직업이나 직무, 직종을 불문하고 글쓰기가 1순위 역량으로 자리 잡았습니다. 글을 잘 쓴다는 것은 치열하게 생각하고, 치밀하게 설득하며, 당당하게 영향을 미치는 능력을 상징합니다. 공부든 일이든 삶이든 원하는 성과를 내고 실력을 인정받는 데 글 잘 쓰는 능력만큼 중요한 것이 없습니다. 게다가 신기하게도 글쓰기 능력은 한번 배워 두면 유효기간이 평생 갑니다.

이런 이유들이 하버드가 150년 동안이나 글쓰기 교육에 매진한 배경입니다. 더욱 놀라운 것은 이렇게 배웠는데도 하버드 졸업생의 90%가 글쓰기를 더 배웠어야 한다고 후회합니다. 그런데 그런 하버드생도 초등학교 때부터 글쓰기를 배웁니다. 논리적으로 생각하고 쓰면서 글쓰기를 배웁니다.

유튜브조차 글쓰기가 좌우한다

저는 글을 쓰는 사람으로서 인공지능이 급습하더라도 문제없다고 자부했습니다. 그런데 인공지능이 언론 기사를 쓰고, 주식 분석 보고서를 쓰고, 사람 카피라이터를 제치고 마케팅 계약을 따내고, 소설가나 시인보다 탁월한 작품을 써내는 것을 보면서 제 일도 절대 안전하지 않다는 사실을 깨달았습니다. 그 순간 이런 의문이 들었습니다.

'업무용 글쓰기는 인공지능이 다 해 줄 텐데, 글쓰기는 왜 배워?'

가히 유튜브 천국입니다. 유튜브로 돈 벌고 유튜브로 배우고 유튜브로 소통합니다. 유튜브는 말과 영상으로 메시지를 전하는 채널입니다. 그러면 이런 반문이 들겠지요.

'말로 영상으로 다 하는데 글쓰기가 왜 필요해?'

코로나 19 사태는 비즈니스, 교육, 일상 등 거의 모든 분야에서 비대면 온라인화를 촉발했습니다. 이제 일도 공부도 생활도 스마트폰만 있으면 어디서든 언제든 화상으로 가능합니다. 자연히 이런 질문을 하게 됩니다.

'이제 글쓰기는 안 해도 되겠네?'

그럼에도 불구하고 글쓰기!

이처럼 급진전하는 사회현상과 직결된 글쓰기에 관한 반문, 의문, 질문에 대한 답은 여전히 단 하나입니다.

'그럼에도 불구하고 글쓰기는 중요하고 필요하고 연습해야 합니다.'

인공지능이 글을 다 써 주는 시대일수록 오히려 글쓰기가 더 중요해집니다. 왜냐하면 생각이 힘인 시대로 접어들었다는 뜻이기 때문이고, 생각하는 능력을 기르려면 글쓰기라는 도구가 없이는 불가능하기 때문입니다. 글쓰기는 의사소통 수단을 너머 생각하는 행위 그 자체이기 때문입니다. 사고 능력은 사람을 동물은 물론 인공지능과도 구별되게 하는 능력입니다. 인공지능에게 일자리를 내줘도 인공지능을 만들고 활용할 수 있게 하는 근간인 사고 능력만은 우리의 몫으로 지켜 내야 합니다.

유튜브라고 해서 아무 말이나 해도 되는 매체가 아닙니다. 의미 있는 생각을 말과 영상으로 전달하는 채널입니다. 의미 있는 생각은 오직 글쓰기로만 가능합니다. 온라인으로 일하고 소통하려면 핵심을 빠르게 전달하는 것이 중요합니다. 어떤 생각이든 핵심을 잡으려면 글로 쓰지 않고는 불가능합니다.

이것이 인공지능이 활개 치고, 온라인으로 일과 일상이 영위되고, 유튜브가 지배하는 시대에도 글쓰기가 필요하고 중요한 배경입니다. 우리 아이가 자라고 활동하는 매 단계마다 인공지능이 따라붙겠지만, 글을 쓰며 생각하는 능력을 개발한 아이는 그 인공지능을 부리며 살 수 있습니다. 이것이 우리 아이가 글을 잘 쓰게 도와야 하는 이유입니다.

코딩보다 글쓰기가 먼저!

아이에게 코딩을 가르치려 여기저기 알아본 적 있는 엄마라면 기초 코딩 프로그램인 스크래치를 잘 알 것입니다. 전 세계 아이들이 이 프로그램으로 코딩 작품을 만들고 커뮤니티를 드나들며 자랑하고 배우고 소통합니다. 스크래치를 선보인 MIT의 미첼 레스닉 교수, 하지만 정작 그는 아이들에게 코딩보다 글쓰기를 먼저 가르쳐야 한다고 강조합니다. 아이들에게 쓰기를 가르쳐도 작가가 되는 아이는 극히 적은데 왜 쓰기를 가르쳐야 하느냐고 되묻는 이들에게는 이렇게 대답합니다.

"바보 같은 질문입니다. 당장 생일 축하 카드부터 우리 삶 모든 부분에 쓰기가 있습니다. 무엇보다 쓰기는 사람들에게 생각하는 법을 가르칩니다. 글을 쓰면서 아이디어를 체계화하고 개선하고 검토하는 법을 배웁니다. 그렇기 때문에 글을 잘 쓸수록 생각을 잘하는 사람이 됩니다."

유튜버? 프로게이머? 프로그래머? 의사? 웹툰 작가? 교사? 요리사? 당신의 아이는 미래에 어떤 일을 하고 싶어 하나요? 무슨 꿈을 꾸든 당신의 아이는 글쓰기 능력부터 갖춰야 합니다. 어떤 직업을 갖든 아이가 원하는 만큼 이루고 살게 하려면 생각하는 힘을 발휘해야 하고, 생각하는 힘은 글쓰기로만 길러지기 때문입니다. 생각을 만들고 전달하여 원하는 것을 얻어 내는 능력은 글쓰기로만 가능하기 때문입니다.

학교가 변하고 있다

한 국제고등학교에서 저에게 희한한 요청을 했습니다. 2학년 학생에게 하버드 대학생들이 배우는 논리적 글쓰기를 1년 동안 가르쳐 줄 수 있겠느냐고 말입니다. 희한하다고 한 것은 어느 학교도 이렇게 진지한 발상을 한 적 없기 때문입니다. 특강이나 방과 후 학습 정도가 아니라 정규 과목으로 글쓰기를 가르치겠다니요. 더구나 대입 시험 준비에 몰두해야 할 2학년 학생에게 무려 1년 동안이나 글쓰기를 가르쳐 달라니요. 희한하다 할 수밖에요.

하지만 수준 높은 사고력을 길러 인공지능을 따돌리는 인재로 키우려면 이런 시도는 어찌 보면 당연합니다. 저의 사정상 이 요청은 거절할 수밖에 없었지만 이 학교의 차원 높은 교육 목표에 경의를 표했습니다.

한 기관에서 영재를 뽑는 과정에서도 이상한 일이 있었습니다. 영재성을 테스트하는데 과학이나 수학 문제를 푸는 것이 아니라 글쓰기 시험을 봤습니다. 그즈음 뜨거운 이슈이던 구제역에 관한 지문을 제시하고 관련하여 글을 쓰게 하는 시험이 50분간 치러졌습니다. 특정한 문제에 대해 어떻게 생각하고 어떤 방법으로 해결하는지를 평가하고, 또 자신의 생각을 글로 표현하여 다른 사람을 얼마나 빠르게 잘 이해시키는지 보기 위해서였다고 합니다.

일본의 학교들은 1주일 35시간 수업 시간 가운데 23시간을 토론과 글쓰기 수업으로 진행하는 교육 혁신을 시도했습니다. 대학에 입학할 때도 지식 자체가 아니라 지식을 활용하는 능력을 평가하는 논술형 시험을 봅니다. 예를 들어, 아버지와 딸의 대화 내용과 각자의 주장을 설명한 지문을 읽고 자기 생각을 80~120자로 쓰는 문제입니다. 기존의 일본 교육은 전형적인 주입식이었기에 이같은 변화가 놀랍기 그지없습니다.

이렇듯 교육 현장이 희한하고 이상하고 놀랍게 변화하는 소용돌이의 중심에 글쓰기가 놓여 있습니다. 고급 사고력을 요구하는 미래 시대를 대비하는 데 글쓰기만 한 방법이 없다는 것을 거듭 확인합니다.

아이들의 '팝콘 뇌' 구하기

"4차 산업혁명에 대응하는 단기적 전략과 적응력은 역설적으로 장기적 관점의 기초 실력에서 나온다. 세상이 어떻게 바뀌든 핵심 경쟁력은 사람들의 생각하는 능력, 즉 기초 지력에 있다."

정재승 카이스트 교수가 인터뷰에서 한 말입니다. 기초 지력을 기르려면 어떻게 해야 할까요? 경쟁력을 가지려면 논리적 추론과 맥락의 이해, 비판적 사고, 창의적 사고 등을 바탕으로 한 문제 해결 능력을 길러야 한다고 정재승 교수는 답도 알려 줍니다. 대체 문제 해결 능력을 기르려면 무엇부터 해야 할까요? 이 모든 능력과 노력의 출발점인 생각하기는 어떻게 가르칠까요?

인공지능이 아이들의 밥그릇을 다 차지할 거라고 경고하는 목소리가 드높지만, 아이들은 당장 게임이 더 즐겁습니다. 그 때문에 아이들의 뇌는 날로 얇고 평평해지며 자극적인 것에만 반응하는 '팝콘 뇌'로 변하고 있다지요. 긴 지문은 잘 읽지 못하고, 서너 줄 문장을 써내기 힘들다고 하지요. 가짜 뉴스에 휘둘리고 손끝으로 찾아낸 인터넷 정보와 지식을 자기 것인 양 혼동합니다.

이런 아이들에게 생각하는 힘을 길러 줘야 하는 학부모나 선생님은 난감합니다. 도대체 무엇부터 어떻게 하면 되는지 방법을 모르고 시도할 엄두조차 나지 않아서 사교육에 맡기거나 모른 척하고 맙니다. 실은 엄마도 선생님도 글을 쓰면서 생각하는 능력을 길러 본 적이 없거든요.

아이를 '작가'로 키워라

노벨경제학상을 수상한 폴 로머 뉴욕대 교수는 창의력을 기르는 데는 글쓰기가 가장 중요하다고 말합니다. 여기서 말하는 글쓰기는 논리적 글쓰기입니다. 공부하고 일하는 데 필요한 생각은 논리성을 기본적으로 요구합니다. 논리적으로 생각하는 능력이 없으면 어떤 공부도 일도 잘할 수 없습니다. 그리고 논리적 사고력은 논리적 글쓰기를 통해야만 길러집니다.

"하버드는 사회에 나가서 논리적인 사고를 할 수 있는 인재를 양성하기 위해 논리적 글쓰기를 교육한다. 논리적 글쓰기 능력은 단순한 학습 효과를 뛰어넘어 능동적이고 논리적으로 사고하는 사회인을 만들어 준다."

하버드 대학교에서 20년 동안 글쓰기를 가르친 낸시 소머스 교수의 말입니다. 우리 아이들이 살아갈 21세기에는 의사소통 능력, 협업 능력, 비판적 사고 능력을 요구한다지요. 이러한 능력의 기초가 논리적 사고력이고, 논리적 사고력은 논리적 글쓰기로만 길러집니다.

하버드 대학교가 그토록 글쓰기 교육에 매달린 이유가 증명하듯 글쓰기 능력이란 그저 글을 잘 쓰는 능력만을 의미하지 않습니다. 글쓰기는 사고하는 능력, 발표하고 설득하는 능력, 더 나아가 상담이나 판매 같은 삶의 중요한 기술을 익히는 데 꼭 필요한 원천 기술입니다. 자신감, 자존감은 물론 인성을 기르는 데도 글쓰기는 힘을 발휘합니다. 창조성을 훈련하는 데도 글쓰기는 빠트릴 수 없는 조건입니다.

한마디로, 글쓰기 능력은 일과 일상에서 요구되는 중요한 기술들을 습득하는 데 첫 단추, 첫 도미노 조각 같은 역할을 합니다. 학생일 때는 배우기 위한 기술로, 사회에 나가서는 돈을 버는 기술로 글쓰기는 아이의 삶에 총체적으로 영향을 미칩니다.

미국식 초등 글쓰기의 힘

미국 교육 당국은 아예 자녀를 '작가'로 키우라 권합니다. 학생들이 배워야 할 새로운 글쓰기 표준을 제시하고 교육하겠다고 나선 미국 교육 당국이 설정한 목표는 시나 소설, 드라마를 쓰는 작가가 아니라 논리적으로 글을 잘 쓰는 작가급 학생 만들기입니다. 그들은 글쓰기가 먹고사는 기술, 배우는 기술, 소통하는 기술, 치유하는 기술이라고 강조하면서 초등학생 때부터 시작해 성인이 될 때까지 학교와 가정에서 논리적 글쓰기 능력을 개발하도록 도와야 한다고 주장합니다.

13년간 미국과 캐나다에서 2,000명 넘는 예비 선생님을 길러 낸 심미혜 뉴욕주립대 교수는 새로운 세상이 원하는 창의적이고 융합적인 사고 능력은 초등학교 때부터 읽기, 말하기, 쓰기에 걸친 충실한 언어활동을 해야 가능하다고 강조합니다. 우선은 많이 읽어야 하고, 읽은 것을 바탕으로 토론하고 쓰면서 응용하는 활동을 많이 해야 합니다. 미국의 초등학교들이 수업을 시작하기 전 15분 동안 글쓰기를 하는 것도 같은 이유입니다.

"인문학 교육을 중시하는 서구에서는 읽고 쓰는 훈련을 초등학교 때부터 시작한다. 상급 학교로 갈수록 이런 활동은 점점 더 중요해진다. 중고교에서는 글을 읽고, 자기 생각을 토론하고, 에세이를 써서 교사에게 평가를 받아 성적을 매긴다."

성균관대 기초교양연구소장을 맡고 있는 박정하 교수의 지적입니다. 물론 우리나라 엄마들도 아이가 초등 4학년만 되면 논술 학습지를 추가하고 논술 학원에 보냅니다. 이렇게라도 해서 논리적 사고력을 키워 주고 싶어서겠지요. 하지만 논리적으로 생각하고 표현하는 능력은 그렇게 해서 늘지 않습니다. 논리적으로 쓰면서 생각하고, 논리적으로 생각하면서 쓰는 과정을 반복할 때라야 가능합니다.

표현적 글쓰기에서 논리적 글쓰기로

우리 아이들도 학교나 학원에서 과제로 내 주기 때문에 글을 자주 씁니다. 그런데 느낌을 표현하고 마음을 드러내는 글쓰기 일색입니다. 물론 말랑말랑하게 감성을 개발하는 표현적 글쓰기도 매우 중요합니다. 하지만 초등 고학년은 중학교, 고등학교로 이어지는 학습 과정에 필수로 요구되는 논리적 사고 능력을 길러야 합니다. 따라서 이 시기에는 생각을 일리 있게 정리하고 조리 있게 표현하는 논리적 글쓰기로 아이의 사고 능력을 업데이트해 줘야 합니다.

학교에서도 초등 3학년부터 논리적 글쓰기를 가르치기는 합니다. 아이들은 이 무렵부터 의견을 드러내는 글쓰기를 배우기 시작하고 6학년이면 근거를 가지고 주장하는 글쓰기까지 배웁니다. 미국 아이들과 차이가 있다면 우리 아이들은 배우기만 하고 쓰지 않습니다. 그러다 보니 수능 국어 100점을 받아도 자신의 생각을 논리적으로 표현하는 글 한 편 써내지 못하는 글쓰기부전증으로 내내 고생합니다.

신문 기사를 잘 쓰려면 신문 기사를 많이 읽고 신문 기사 형식의 글을 많이 써 봐야 하듯 논리적인 글을 잘 쓰려면 논리적으로 쓴 글을 많이 읽고 논리적으로 글쓰기를 많이 연습해야 합니다.

글쓰기의 골든타임을 사수하라

"이제 직물 공장에는 사람 한 명과 개 한 마리만 고용하면 된다. 개는 기계를 지키기 위해 필요하고, 사람은 그 개에게 먹이를 주기 위해 필요하다."

경제학자들이 주고받는 농담이라 합니다. 듣기 언짢은 얘기지만, 이제 이런 일이 공장에서만 일어나는 것은 아니라고 합니다.

일본 후생연금펀드의 최고 투자 책임자인 미즈노 씨는 소니 연구소에 인공지능 강아지 '사이버 하운드'를 만들어 달라고 주문했습니다. 후생연금펀드의 자산 1조 6,000억 달러를 관리하는 펀드 매니저들을 감독하기 위해서라고요. AI 강아지 훈련 프로그램이 성공하면 이 강아지는 안전지대에서 옆길로 새는 펀드 매니저들을 잡아낼 수 있답니다. 과거 실적 자료를 근거로 포트폴리오 매니저들을 선별하는 작업을 도울 수 있고, 심지어 수익을 창출한 것이 운인지 기술인지도 구별할 수 있다고 합니다. 미즈노 씨는 이 AI 강아지 프로젝트가 "자금 운용 방식을 개선하기 위한 실험의 일환"이라고 말합니다.

이렇게 인공지능이 급습한다고 하지만, 40대와 50대인 우리는 그냥저냥 살아도 될 것입니다. 문제는 아이들, 우리 아이들은 어쩌나요. 인공지능이 휘젓고 다니는 21세기를 살아야 하는 아이들에게 20세기 엄마 아빠는 뭘 어떻게 해 줘야 할까요?

저는 답을 알고 있습니다. 논리적 사고력을 길러 주면 됩니다. 하버드 대학교가 하듯, 심미혜 교수가 하듯, 우리 아이들에게 논리적 글쓰기를 가르쳐 논리적으로 사고하게 돕는 것입니다. 초등학교 때부터 논리적으로 생각하고 표현하고 소통할 수 있게 된다면 우리 아이도 융합 사고력을 가진 하버드급 리더로 자랄 것입니다. 그러면 인공지능에게 불편하고 어렵고 힘든 것을 시켜 가며 살게 될 것입니다. 이것이 21세기를 살아야 할 아이에게 20세기 엄마 아빠가 해 줄 수 있는 가장 중요하고도 급한 교육이라 생각합니다.

공부머리가 굳기 전에

"공부는 공부머리가 열려야 한다. 안목이 열리고 식견이 터져야 한다. 독서와 글쓰기는 이 공부머리를 얻기 위한 가장 위력적인 방편이다. 공부머리가 한번 열리기만 하면 모를 게 없어지고 이전에 따로 놀던 것들이 하나로 주욱 꿰어진다. 제대로 읽어야 하고 바르게 쓸 줄 알아야 한다."

한학자 정민 교수의 말입니다. 많은 전문가들의 연구에 따르면, 아이가 어릴 때 글쓰기를 가르치면 생각을 만들고 정리하고, 또 그 생각을 표현하고 전달하는 데 능숙해집니다. 공부머리는 저절로 터지지요.

일단 공부머리가 트이면, 아이들은 배운 것을 빠르게 이해하고 자기 것으로 만들어 갑니다. 한번 공부머리가 트이면, 학교에서 배우는 모든 과목 전 과정에서 이해의 폭이 넓어져 공부를 더 잘하고 시험도 더 잘 치릅니다. 이같은 기적을 안겨 주는 공부머리 트기는 골든타임을 지켜야 합니다. 이 시기를 놓치면 영영 불가능할지도 모릅니다.

"아이가 4학년이 되더니 국어를 어려워해요."

엄마들에게 자주 듣는 하소연입니다. 실제로 초등 4학년이 되면 국어 과목이 갑자기 어려워집니다. 3학년까지는 듣기, 말하기에 관한 내용을 단지 배우기만 하면 되는데, 4학년이 되면 읽고 분석하고 표현하기를 직접 하면서 배워야 합니다. 게다가 5학년이면 논리적 사고를 요구하는 단원을 배워야 해서 그 준비를 하는 과정인 초등 4학년 국어가 급격히 어렵게 여겨지는 것입니다. 국어 포기자가 처음 생기는 시기도 이때부터라 합니다.

선생님들은 "수행평가의 절반은 일리 있게 생각하고 조리 있게 표현하는 글쓰기 능력을 갖춰야 좋은 점수를 받는다"고 말합니다. 논리정연하게 생각하고 글 쓰는 능력을 미리 갖춘다면 점점 어려워지는 국어 과목을 놓치지 않고 바로바로 따라잡을 수 있습니다.

글쓰기 악습이 쌓이기 전에

제가 진행하는 글쓰기 수업에 참석하는 분들은 연차가 제법 되는 직장인, 전문직, 중견 공무원 등이 대부분입니다. 이렇게 커리어가 상당한 분들과 하는 글쓰기 수업에서 제가 가장 많이 들이는 노력은 잘못된 글쓰기 습관을 중단시키는 일입니다. 성인이 자신의 분야에서 거둔 성취는 글쓰기에 관한 잘못된 습관을 인정하고 새로 제대로 된 글쓰기를 배우게 하는 데 장애로 작용합니다.

아이들에게는 이런 학습 장애가 없습니다. 아이들은 모르는 것을 배워 나가면서 부족한 부분을 채웁니다. 마음이 열려 있어 배우는 것에 더 잘 집중합니다. 따라서 초등 4학년 전후는 글쓰기를 배우는 골든타임이라고 할 수 있습니다. 글쓰기의 골든타임을 사수해야 합니다.

하루 10분 4줄 쓰기의 기적

정동원은 '트로트 천재'로 불립니다. 변성기가 오기 전의 미성으로 기라성 같은 형님, 삼촌과 겨뤄 전국 단위 경연에서 최종 7위 안에 들었으니 신동이라고 불릴 만합니다. 김태연은 국악 신동입니다. TV에 나와 소리하는 것을 보니 누가 9살로 보겠는지, 참으로 놀라운 노래 실력입니다.

대중음악, 클래식, 미술이나 피겨, 체조, 발레 등 예체능 분야에는 신동이 많습니다. 문득, 궁금해집니다. 글쓰기에는 왜 신동이 없을까요? 우리가 기억하는 대단한 작가들이 글쓰기 신동이었다는 소리는 들은 적 없습니다. 글쓰기로 큰돈을 번 작가들은 오히려 어른이 되어 글쓰기로 빛을 발한 경우가 대부분이죠. 저는 이 궁금증에 대한 답은 끝내 찾을 수 없었지만, 글쓰기 천재로 태어나지 않아도 천재급 작가가 될 수 있다는 사실을 발견할 수는 있었습니다.

이 사실은 얼마나 다행인가요. 이제 글쓰기 실력이 일터와 일상에서 엄청난 영향력을 발휘하는 시대가 되었는데, 재능을 타고나야만 잘 쓸 수 있다면 부모는 얼마나 낙담해야 할까요? 음악, 미술, 체육이야 진로를 그쪽으로 선택하지 않으면 그만이고 그저 취미로 즐기면 되지만, 글쓰기는 먹고살기 위해 하지 않으면 안 되는 생존 기술이자 다른 중요한 능력을 기르는 메타 기술이니까요.

재능도 없는 아이를 낳아 놓고 먹고살려면 글쓰기를 죽도록 노력해야 한다고 하면 아이에게 미안한 일일 것입니다. 그래서 더욱 글쓰기 신동이 따로 없다는 사실에 안심하고, 재능을 타고나지 않은 우리 아이도 글쓰기만큼은 반드시 잘할 수 있다고 기대할 수 있습니다.

'하버드 키즈'의 탄생

하버드는 고유명사라기보다는 초일류의 상징입니다. 미국뿐만 아니라 세계의 많은 학부모에게 로망이지요. 그렇다면 우리 아이도

'하버드'라는 상징을 품어 보면 어떨까요? 하버드가 글쓰기 교육의 목표로 삼은 것이 '창의적이면서도 논리적이고 설득력 있는 사람'이니까 우리 아이도 논리적으로 생각하고 설득력 있게 글을 쓸 수 있다면 '하버드 키즈'가 아닐까요? '연아 키즈', '세리 키즈', '할리우드 키즈', '정주영 키즈', '오바마 키즈'처럼 말입니다.

'아시아 1위' 866억 원의 몸값을 자랑하는 손흥민 선수는 '호날두 키즈'입니다. 봉준호 감독은 할리우드가 만든 영화들을 보며 꿈을 키웠고 마침내 자신의 영화로 할리우드 영화를 제친 '할리우드 키즈'입니다. 마찬가지로 하버드 키즈란 하버드 대학생처럼 논리적으로 읽고 쓰고 생각하는 능력을 가져 보겠다고 벼르는 아이들을 말합니다.

하버드 키즈는 하버드 입학을 목표로 하는 것이 아니라 하버드가 지향하는 '논리적 사고력을 갖춘 리더'를 목표로 합니다. 하버드에 진학을 하든 아니든, 아니 대학에 진학하든 인터넷으로 대학 과정을 대신하든, 교수가 되든 애널리스트가 되든, 유튜버 같은 크리에이터가 되든, 논리적 글쓰기 기술을 배우고 실제로 쓰면서 배워 실력을 발휘할 수 있기를 목표한다면, 우리 아이도 하버드 키즈입니다.

아이를 하버드 키즈로 만드는 프로젝트의 리더는 당연히 엄마입니다. 이 대단한 일을 할 적임자는 엄마밖에 없습니다. 학교도 못하고 사교육은 더 못합니다. 그리고 미국의 중산층 이상 엄마들은 이미 다 하고 있는 일입니다.

하루 10분 4줄 쓰기면 끝!

제 아이는 사회 초년생입니다. 자신의 생각을 어렵지 않게 표현하고 전달하여 원하는 것을 얻어 내곤 합니다. 저는 명색이 글쓰기 코치지만 아이를 앉혀 놓고 이렇게 써라 저렇게 써라 한 적이 없습니다. 아이가 중학교에 가도록 아이가 잠들어 있을 때 출근하고 아이가 잠든 후에 퇴근하는 워킹맘이었습니다. 제가 한 게 있다면, 아이에게 무슨 글이든 매일 쓰게 한 것뿐입니다. 아이는 중학교 1학년 여름부터 수능 시험을 며칠 앞둔 날까지 매일 썼습니다. 매일 뭔가를 쓰며 생각을 가다듬은 10분 남짓한 시간이 아이가 저 혼자 글쓰기를 배운 비결의 전부입니다.

이 책은 초등 4학년 전후의 아이들이 배워 평생 써먹는 글쓰기 비법을 다룹니다. 논리정연하게 생각을 만들고 정리하고 정돈하는 방법인 오레오 공식을 활용하는 것이 비법의 전부입니다. 오레오 4줄 공식 하나면 일리 있게 생각하고 조리 있게 표현하는 능력을 기릅니다. 이 공식 하나면 어떤 생각이든 '의견-이유-예시-제안' 딱 4줄로 완성하는 글을 쓸 수 있습니다. 이 과정을 반복하면, 결과적으로 논리적으로 생각하고 표현하고 설득하는 초능력을 갖게 됩니다.

이 비법은 제가 진행한 글쓰기 교육에서 집중적으로 전수하여 효과를 검증했습니다. 우리 아이에게 오레오 4줄 공식을 이용해 글은 쉽게 쓰는 것이라고 알려 주세요.

'아이의 글쓰기는 엄마의 수준이라면서요?'

아이의 글쓰기가 형편없는 것은 엄마인 자신을 닮아서라며 속상해하는 워킹맘 후배의 말입니다. 저는 단언합니다. 하버드식 글쓰기 비법인 오레오 4줄 공식 하나면 엄마보다 100만 배 잘 쓰는 아이가 되도록 도울 수 있다고요! 아이가 진정 원하는 것은 글 잘 쓰는 엄마가 "이렇게 써 봐! 저렇게 써 봐!" 하는 것이 아닙니다. 아이가 말하려는 것, 쓴 글에 주의 깊게 관심을 보여 주면 됩니다. 아이는 그런 귀한 시간을 함께 보내는 엄마를 원할 것입니다.

아이들이 글을 쓰면서 융합 사고력을 기르려면 부모의 적극적인 도움이 필요하다고 말하는 심미혜 교수, 그가 알려 주는 엄마의 몫은 의외로 간단합니다.

"읽고 쓰기를 반복하면서 자연스럽게 생각하는 법을 훈련할 기회를 마련해 주면 좋다. 매주 짧은 글을 한 편씩 써 보게 하는 식이다. 가정에서는 여기까지만 해도 충분하다."

"오레오로 생각하고 오레오로 말하게 하라"

하버드생처럼 생각하기

4줄로 끝내는 생각 정리의 기술

〈뉴욕타임스〉의 잘 나가는 기자 대니얼 코일은 초일류 인재들이 재능을 개발하는 방법을 취재했습니다. 세계적으로 스포츠 클럽, 음악 학교, 특수학교 등 재능을 폭발시키는 용광로를 심층 취재한 끝에 그는 이런 결론을 냈습니다.

"재능은 타고나는 것이 아니라 연습으로 개발되는 것이다."

대니얼 코일이 파악한 초일류 인재들의 재능 개발 비결은 재능을 이루는 핵심 기술을 완벽하게 습득하는 것입니다. 핵심 기술을 조금씩 습득하는 정도가 아니라 그 기술을 최대치로 발휘할 수 있을 때까지 갈고닦아야 한다고 알려 줍니다. 예를 들어, 테니스 선수라면 '서브 토스'를, 영업 사원이라면 '20초 영업 토크'를 핵심 기술 과제로 선택하여 눈을 감고도 할 수 있을 정도로 연습하는 것입니다.

글을 잘 쓰는 재능을 가진 사람은 하고 싶은 말을 논리적으로 구성하는 데 탁월한 능력을 발휘합니다. 전하고자 하는 핵심 내용을 논리적으로 구성하면 그것을 글로 쓰는 것은 문제가 되지 않습니다. 따라서 대니얼 코일이 알려 준 대로 초일류 수준의 글쓰기 재능을 개발하려면 글쓰기의 핵심 기술인 '논리적으로 구성하기' 기술을 완벽하게 습득해야 합니다. 언제든 어디서든 어떤 경우든 논리적으로 쓸거리를 구성하는 기술을 구사할 수 있어야 합니다.

글쓰기 핵심 기술, 오레오

글쓰기 재능의 핵심 기술은 생각을 논리정연하게 구성하는 것이며, 이 기술을 쉽게 연습하고 연습 효과를 극대화하기 위해 고안한 것이 바로 오레오 글쓰기 기법입니다. 오레오 글쓰기 기법은 오레오 4줄 공식을 사용하여 논리정연하게 쓸거리를 만들고 이것을 일리 있고 조리 있게 글로 정리하는 방법을 말합니다. 오레오 공식은 생각을 논리정연하게 담아내는 생각의 틀로서 '의견 주장-이유 제시-사례 제시-의견 강조'의 4줄로 구성됩니다.

오레오 글쓰기 기법은 하버드가 150년 동안 학생들에게 가르쳐온 글쓰기 방법이고, MIT, 맥킨지, 도요타, P&G, 아마존, 구글이 사용하는 소통 방식입니다.

초등 4학년 무렵의 우리 아이가 이 책에서 연습해야 할 것은 오레오 글쓰기 기법을 사용하여 '주제를 정하고, 오레오 공식으로 쓸거리를 만들고, 이를 풀어 1문단의 짧은 에세이로 완성하기'입니다. 아이가 하루 10분씩 이 연습을 꾸준히 하면, 공부머리가 길러지고 더 나아가 사회에 진출해서는 일머리를 갖게 될 것입니다.

생각을 넣으면 바로 글이 나온다?

미국, 유럽 등 교육 선진국에서는 유치원이나 초등학교 때부터 사고 능력을 길러 주기 위해 다양한 도구들을 활용합니다. 그래야 아이들이 쉽고 재밌게 배울 수 있으니까요. 특히 신경과학자들은 그림으로 만든 도구(그래픽 오거나이저, 우리는 '활동지'라 부릅니다)가 아이들의 뇌가 정보의 패턴과 정보 사이의 관계를 수월하게 파악할 수 있게 돕기 때문에 이를 적극 활용하면 아이들이 생각하기와 공부를 잘하게 될 것이라며 적극 권합니다.

미국 어른들은 아이들이 초등학교 때부터 이 방식을 사용하여 논리적으로 생각하고 설득하는 글을 쓰도록 돕기 위해 오레오(OREO)라는 이름의 공식으로 만들었습니다. 오레오? 맞습니다. 하얀색 크림 양쪽에 초콜릿 쿠키를 붙인 달콤한 과자. 한 입에 먹기 좋은 크기와 형태로 사랑받는 그 오레오를 본떠 만든 것입니다.

맛있고 즐거운 글쓰기 도구

오레오 공식은 아이들이 쉽게 기억하고 활용하도록 그림으로 나타낸 생각의 틀이자 글쓰기 틀입니다. 논리적으로 생각하고 글로 표현하도록 돕습니다. 오레오 공식은 '의견 주장하기(Opinion)-이유 설명하기(Reason)-사례와 예시 들기(Example)-의견 재차 강조하기(Opinion)'의 4줄로 구성되며, 각 줄의 주제어인 영어 단어 첫 글자를 연결하면 오레오(O-R-E-O)가 됩니다.

오레오 4줄 공식

Opinion : 의견을 주장합니다.

Reason : 이유를 설명합니다.

Example : 사례와 예시를 듭니다.

Opinion : 의견을 강조합니다.

자신의 생각을 무작정 쓰기 전에 'O-R-E-O' 4줄로 논리정연하게 정리하여 구성한 다음 각 줄마다 내용을 보완하면, 즉 구체적인 내용으로 살을 붙여 쓰면, 한 편의 논리적 글쓰기가 완성됩니다. 오레오 공식을 이용해 쓸거리를 만들면 주제에 집중하여 글을 쓸 수 있게 됩니다. 쓸데없이 생각의 미로를 헤매지 않아도 됩니다. 생각해야 할 내용을 빠뜨리거나 중복되는 일도 없습니다.

언제 어디서나 '자동 글쓰기 틀'

오레오 공식은 하버드 대학교가 4년 내내 가르치는 논리적 글쓰기 포맷을 온전하게 담아냅니다. 오레오 공식은 아이들이 논리적으로 생각하는 데 필요한 순서를 구조적으로 기억하게 돕습니다. 아이들에게 인기 있는 과자의 이름인 오레오 공식을 알려 주면 공식을 별도로 외우지 않고도 필요할 때 빠르게 꺼내 바로 사용할 수 있습니다.

이제 우리 아이들에게도 편하게 달달하게 글 쓰는 방법을 알려 주기로 해요. 논리적으로 생각하고 표현하는 글쓰기 틀이자 하버드 글쓰기 비법의 진수인 오레오 공식을 사용하여 글을 쓰도록 도와주면 아이들은 글쓰기를 재밌게 경험합니다. 아이들은 글을 쓸 때마다 재밌게 경험한 글쓰기 기억을 맛있게 떠올리며 어떤 생각이든 일리 있고 조리 있게 척척 써내게 될 것입니다. 입에 착 붙고, 기억하기 좋고, 재미마저 느껴지는 오레오 공식은 어려운 것은 질색하는 뇌를 공략하는 데도 그만입니다.

억대 연봉 맥킨지 컨설턴트의 생각 훈련법

'평균 연봉 1억 5,000만 원, 15명 채용에 유수의 명문대 및 MBA 출신 1만 명 지원, 8번 이상 면접을 통해 채용'

세계적으로 유명한 컨설팅 회사 맥킨지에서 일하는 컨설턴트에 대한 내용입니다. 이렇게 유능한 인재를 뽑은 다음 회사에서는 '논리적 사고하기(Logical Thinking)'라는 훈련을 시킵니다. 훈련 이름은 어마어마하지만 내용은 '하늘, 비, 우산으로 생각하기'입니다. 쉽고 간단하기 그지없습니다.

'하늘'은 지금의 상황, '비'는 그 상황에 대한 해석, '우산'은 어떤 행동을 취할지 판단하는 것을 말합니다. 이렇게 생각을 전개한 다음 '결론-이유-근거' 순서로 표현하게 합니다.

맥킨지 컨설턴트의 논리적 사고하기

그런데 비가 올 것 같은 날, 아이를 학교에 보낼 때 우리 엄마들도 이렇게 말하지 않나요?

"우산 가지고 가(주장). 곧 비가 쏟아질 것 같아(이유). 하늘 보니 먹구름이 잔뜩 끼었더라(근거)."

'우산-비-하늘' 공식으로 생각하고 표현하기. 이것이 바로 억대 연봉 컨설턴트들이 훈련하는 논리적 사고법이자, 제가 그렇게도 강조하는 오레오 공식의 토대입니다. 그리고 지금 우리 아이들이 3학년 때 배우는 '의견을 주장하는 글쓰기'의 짜임새이기도 합니다. 또 아이들이 6학년 때 배우는 '논설문 쓰기'도 정확히 이 구조를 연습하는 것입니다.

논설문 : 어떤 주제에 대해 글쓴이가 자신의 주장이나 의견을 논리적으로 내세워 읽는 사람을 설득하기 위한 글.

서론	글을 쓴 문제 상황과 글쓴이의 주장을 밝힌다.
본론	주장에 대한 적절한 근거를 제시한다.
결론	글 내용을 요약하거나 주장을 다시 강조한다

=

O	의견 주장
R	이유와 근거
E	사례와 예시
O	의견 강조

국어 교과서를 보면, 논설문은 서론-본론-결론의 짜임새를 가집니다. 서론은 주장을 밝히고, 본론은 주장에 대한 적절한 근거를 제시하고, 마지막으로 결론은 글 내용을 요약하거나 주장을 다시 강조한다고 설명합니다.

오레오 공식 그대로입니다. 우리 아이가 오레오 글쓰기 기법을 배운다면, 이는 명문 대학을 나오고 맥킨지에 뽑혀 간 수재들이 뒤늦게 강제로 배우는 논리적 사고 기술을 일찌감치, 무려 초등 4학년 무렵에 배운다는 의미입니다.

논리적 글쓰기의 '킹핀'을 쓰러뜨리려면

찰스 두히그 〈뉴욕타임스〉 기자는 습관의 비밀을 추적하여 세계적인 베스트셀러 《습관의 힘》을 썼습니다. 그가 밝힌 습관의 비밀의 핵심은 볼링공으로 킹핀을 쓰러뜨리면 핀 10개가 단번에 쓰러지듯, '핵심 습관' 단 하나를 바꾸면 나머지 습관을 모두 바꾸는 일은 시간문제라는 것입니다.

오레오 공식이야말로 논리적으로 생각하고 표현하는 능력을 기르는 데 필요한 단 하나의 핵심 습관입니다. 아이가 오레오 공식을 능숙하게 사용할 수 있다면, 글쓰기는 물론 공부와 삶에 가장 큰 영향력을 발휘하는 핵심 습관을 갖는 것입니다.

쓸거리가 있으면 쓰는 것은 문제도 아니다

글씨를 쓸 줄 알면 누구나 글은 쓸 수 있습니다. 그러나 원하는 반응을 끌어내려면 의도적으로 써야 합니다. 글쓰기가 어려운 것도 바로 이 점 때문입니다. 의도한 반응을 끌어내는 글쓰기에서 가장 중요한 것은 쓸거리를 만드는 것입니다. 쓸거리를 논리정연하게 구성하면 독자는 빠르게 반응합니다. 내가 하고 싶은 말을 독자가 듣고 싶은 말로 정리하는 쓸거리 작업은 글쓰기의 시작이자 전부입니다. 독자가 쉽게 이해하고 빠르게 반응하도록 쓸거리를 만드는 것이 바로 오레오 공식이 하는 일입니다.

누군가의 머릿속에 있는 생각은 주관적이고 추상적이고 애매하고 모호합니다. 이것을 그대로 글로 쓰면 누구도 이해하지 못하고 아예 읽고 싶지 않은 글이 됩니다. 하지만 머릿속 생각을 오레오 공식에 담아 쓸거리로 만들면 객관적이고 구체적이고 설득력 있는 읽을거리로 바뀝니다. 오레오 공식은 논리정연하게 쓸거리를 만들게 돕습니다. 어떤 생각이든 자료든 오레오 공식에 담아내면 논리정연하게 쓸거리로 정리됩니다.

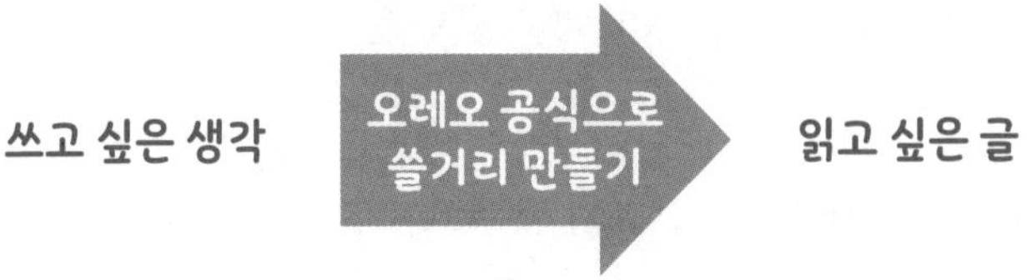

쓰고 싶은 생각 → 오레오 공식으로 쓸거리 만들기 → 읽고 싶은 글

Opinion(의견 주장) : 하고 싶은 이야기가 뭐야?

Reason(이유 제시) : 그 말을 하는 이유가 뭐야?

Example(사례 제시) : 그래? 예를 한번 들어 볼래?

Opinion(의견 강조) : 그렇구나. 다시 한 번 얘기해 줄래?

어떤 생각을 조리 있게 전달해서 상대를 설득하려면 다양한 정보를 수집하고 자신의 생각을 정리해야 합니다. 이 과정에서 다수의 정보가 중구난방으로 나열되면 전달력이나 설득력이 떨어집니다. 오레오 공식은 이런 부작용을 원천 차단합니다. 아이들이 오레오 공식을 사용하면 자신의 생각을 논리적으로 만들고 조립할 수 있습니다. 다양한 생각과 정보, 자료를 조리 있게 배치하여 핵심 메시지를 간결하고 명료하게 전하는 글을 쓰게 됩니다.

특히 오레오 공식은 서술형 시험의 답을 쓸 때, 체험 학습 보고서를 쓸 때 그 진가가 드러납니다. 요점을 추려 결론부터 쓰기 때문입니다. 오레오 공식으로 생각하고 표현하는 습관을 들이면 학교생활뿐만 아니라 사회생활을 하며 부닥치는 문제를 해결하거나 의사소통할 때도 눈부신 존재감을 발휘하게 됩니다.

수학에는 구구단, 글쓰기에는 오레오

보고서, 기획안, 이메일 쓰기 등 글쓰기가 업무의 거의 전부인 직장인들. 연차가 아무리 쌓여도 글을 쓰려면 막막하다고 토로합니다. 무슨 내용부터 써야 할지 생각하는 것만으로도 앞이 캄캄하다 합니다. 글쓰기 경험이 많지 않은 아이들은 훨씬 더하겠지요.

"네 생각을 자유롭게 써 봐"라는 말로는 아이들의 글쓰기를 지도할 수 없습니다. 이때 퍼즐 맞추기처럼 미리 정해진 글쓰기 포맷을 활용하면 수월하게 시작할 수 있습니다. 오레오 공식은 아이가 논리적으로 생각하고 표현하게 도와주는 글쓰기 마중물입니다. 한번 제대로 배워 두면 손에 익은 성능 좋은 연장처럼 평생 써먹을 수 있습니다. 여기서 엄마의 역할은 아이에게 오레오 공식을 가르쳐 주고 구구단처럼 사용하게 하는 것뿐입니다. 이제부터 오레오 공식을 하나하나 소개합니다.

하고 싶은 이야기가 뭐야?

/ 오레오 1단계 : 의견 주장하기

오레오 공식으로 생각을 정리하는 첫 단계는 의견을 주장하고 드러내기입니다. 글로 쓰고 싶은 내용을 분명하게 하는 단계입니다. 오레오 공식에서는 이 단계가 가장 중요합니다. 무엇을 쓰고 싶은지가 분명해야 거기에 맞게 생각을 만들고 정리할 수 있으니까요.

아이가 스마트폰을 새로 바꾸고 싶어 엄마에게 요청하는 상황을 예로 들어 봅니다. 아이는 '스마트폰이 구식이다', '카메라 기능이 약하다', '친구들은 최신형을 가졌다' 등등 여러 말을 늘어놓을 것입니다. 이때 이렇게 질문해 보세요.

'그래서 무슨 말을 하고 싶은 건데?'

질문을 받은 아이는 '무슨 말을 하고 싶은 거지?' 하며 스스로에게 질문합니다. 그리고 이렇게 대답합니다.

'스마트폰 바꿔 달라고요.'

하고 싶은 말, 주장하고 싶은 내용이 정해졌습니다.

Opinion	스마트폰을 새 것으로 바꾸고 싶어요.
Reason	
Example	
Opinion	

이런 식으로 첫 구절이 정해지면, 아이는 자연스럽게 다음 생각을 이어 갈 수 있게 될 것입니다. 이때 아이의 생각을 보다 쉽게 끌어내도록 마중물을 부어 줄 수도 있습니다. "이런 말로 시작해 봐" 하고 첫 구절을 알려 주는 것입니다. 그러면 아이는 신이 나서 오레오 공

식 첫 줄을 씁니다.

다음은 오레오 공식 첫 줄의 마중물 역할을 할 수 있는 말들입니다.

'내 생각에는 ○○가 ○○하다.'

'내가 보기에 ○○는 ○○이다.'

'나는 ○○을 좋아한다.'

'나는 ○○을 싫어한다.'

'내가 좋아하는 인터넷 게임은 ○○다.'

'나는 ○○하고 싶다.'

그 말을 하는 이유가 뭐야?

/ 오레오 2단계 : 이유 제시하기

오레오 공식으로 생각을 정리하는 두 번째 단계는 R, 즉 주장한 의견에 대해 그 이유와 근거를 말하는 것입니다. 스마트폰을 새 것으로 바꾸고 싶다는 말을 들은 엄마는 이렇게 되묻기 마련입니다.

"스마트폰은 왜 바꾸려고?"

그러면 아이는 그 이유를 말해야 합니다. 이유가 타당해야 스마트폰을 바꿔 달라는 요구가 먹힐 테니까요.

아이는 국어 과목 글쓰기 단원에서 의견을 주장하고 이유와 근거로 설득하는 방법을 배웁니다. 국어 시험에도 여러 번 출제되어 개념은 얼추 파악하고 있을 것입니다. 하지만 실제로 글을 쓸 때는 이유와 근거를 말하기가 쉽지 않습니다. 이럴 때는 앞서 알려 드린 '하늘-비-우산'의 비유를 소환하여 다시 설명해 주세요. 그러면 아이가 금방 이해합니다.

"학교 갈 때 우산을 가지고 가."

이러한 주장에는

"비가 올 것 같거든."

이러한 이유가 어울립니다.

아이가 이유를 대면 주장에 부합되는지 살펴봐 주세요. 주장과 이유가 어긋나면 논리적이라 할 수 없으니까요. 예를 들어, '우산을 가지고 가'라는 주장에 '집에 일찍 와야 하니까'라는 이유가 붙는다면 주장과 이유가 어긋나니 말이 되지 않습니다. 논리적이지 않은 것이죠.

그리고 이유를 쓸 때는 '왜냐하면'으로 시작하게 해 주세요. '왜냐하면'이라는 단어는 이유에 해당하는 생각을 자석처럼 불러냅니다.

스마트폰을 바꾸고 싶어 하는 아이는 이유를 묻는 엄마에게 이렇게 답할 것 같네요.

"왜냐하면, 내 폰은 구식이라 사진이 잘 나오지 않거든요."

Opinion	스마트폰을 새 것으로 바꾸고 싶어요.
Reason	왜냐하면, 내 폰은 구식이라 사진이 잘 나오지 않거든요.
Example	
Opinion	

그래?
예를 한번 들어 볼래?

/ 오레오 3단계 : 사례 제시하기

오레오 공식으로 생각 정리하기의 세 번째 단계는 E, 즉 사례 제시하기입니다. 구체적인 예시나 사례를 곁들이면 주장과 이유가 훨씬 잘 먹힙니다.

'학교 갈 때 우산을 가지고 가야 해.' (의견)
'비가 올 것 같거든.' (이유)

여기에 더해서

'저 애들 좀 봐. 다들 우산을 들고 가잖니.' (사례)

이렇게 말하면 우산을 가져가야 한다는 의견이 훨씬 잘 먹힙니다.

이 단계에서 엄마는 아이가 보여 주는 사례가 첫 단계에서 주장한 의견과 두 번째 단계에서 제시한 이유와 관련이 있는가를 확인하세요. 보여 주는 사례가 앞서 한 주장이나 이유와 어긋나면 논리적이지 않으니까요.

사례를 들 때는 '예를 들면'으로 시작하는 문장을 사용하면 편합니다.

아이는 자신의 스마트폰에 흔들림 방지 기능이 없어 사진을 찍을 때 마음에 들지 않는다며 스마트폰을 바꿔 달라고 합니다.

Opinion	스마트폰을 새 것으로 바꾸고 싶어요.
Reason	왜냐하면, 내 폰은 구식이라 사진이 잘 나오지 않거든요.
Example	예를 들면, 내 폰은 흔들림 방지 기능이 없어서 마음에 드는 사진을 찍을 수 없어요.
Opinion	

그렇구나.
다시 한 번 얘기해 줄래?

/ 오레오 4단계 : 의견 강조하기

오레오 공식의 마지막 단계는 O, 즉 의견 강조하기입니다. 의견을 반복하거나 표현을 바꿔서 "이렇게 해 주세요" 하고 특정한 방법을 요청하면, 상대가 내 말을 빨리 들어주게 만들 수 있습니다.

'학교 갈 때 우산을 가지고 가야 해.' (의견)

'비가 올 것 같거든.' (이유)

'저 애들 좀 봐. 다들 우산을 들고 가잖니.' (사례)

여기에 최후의 한 줄로 쐐기를 박습니다. 이런 식으로 처음의 의견을 강조하는 것입니다.

'신발장 옆에 네 우산 꺼내 놨으니 가져가.' (강조)

의견 강조하기를 부르는 마중물은 '그러니 ~하면 좋겠다', '그러므로 ~하게 하자' 같은 문장식이 있습니다.

Opinion	스마트폰을 새 것으로 바꾸고 싶어요.
Reason	왜나하면, 내 폰은 구식이라 사진이 잘 나오지 않거든요.
Example	예를 들면, 내 폰은 흔들림 방지 기능이 없어서 마음에 드는 사진을 찍을 수 없어요.
Opinion	그러니까 스마트폰을 새 것으로 바꿔 주세요. S에서 나온 OO시리즈가 좋은 것 같아요.

쉽고 빠르게
오레오 습관을 만드는 비법

오레오 공식은 논리적으로 생각하게 돕는 도구입니다. 'O-R-E-O' 한 줄씩 쓰면, 저절로 논리가 완성됩니다. 도구는 손에 익어야 자유자재로 사용할 수 있습니다. 처음엔 간단한 내용부터 오레오 공식으로 말하고 쓰도록 연습시켜 주세요.

'외식할 건데 어디가 좋을까? 오레오 해 봐.'

'이 책을 사 달라고? 오레오로 설명해 줄래?'

'오늘 학원 가기 싫다고? 오레오로 말해 봐.'

보시다시피 엄마가 할 일은 질문하는 것뿐입니다. 그러면 아이는 오레오 공식으로 제 생각을 척척 정리하고 표현합니다. 아이가 오레오 공식에 익숙해지면 좀 더 생각을 요하는 질문을 해 주세요. 그러면 아이는 더 많이 생각합니다.

아이에게 질문하기

'미국이나 유럽은 9월에 새 학기가 시작한다는데, 우리나라는 왜 3월에 할까?'

'인터넷 강의는 끝까지 수강하는 학생이 많지 않대. 왜 그런 것 같아?'

아이가 흥미를 가지는 것에 대해 '왜 그럴까?'로 시작하는 질문을 합니다. 질문을 받은 아이는 답을 하기 위해 이유를 찾습니다. 이런 과정에서 자연스럽게 생각하는 힘이 길러집니다.

아이가 답을 할 때는 '왜냐하면'으로 시작하게 해 주세요. 그러면 '왜? + 왜냐하면!'이라는 논리적인 사고 습관이 장착됩니다.

다음은 오레오 공식으로 아이가 답하게 만드는 엄마의 질문 4가지입니다.

"무슨 말을 하고 싶은 건데?" (의견)

"왜 그 말을 하고 싶었어?" (이유)

"예를 한번 들어 볼까?" (사례)

"하고 싶은 말이 뭔지 한 번 더 얘기해 줄래?" (의견)

아이의 질문 되돌려 주기

컬럼비아 대학교에서 심리학을 가르치는 리사 손 교수는 공부 잘하는 아이들은 무엇을 아는지 모르는지를 파악하는 메타 인지력을 갖췄다고 합니다. 그리고 가정에서 메타 인지력을 길러 주려면 아이가 무엇을 질문하든 그 질문을 아이에게 되돌려 주라고 권합니다. 정답을 알든 모르든 직접 말해 주는 대신 "넌 어떻게 생각해?" 하고 질문을 되돌려 주기만 해도 아이는 궁금한 상태와 학습이 필요한 순간을 유지하기 때문입니다.

아이가 뭔가를 질문하면 바로 답을 해 주지 말고 아이의 질문을 되돌려 주세요.

"엄마, 외식 어디로 갈 거야?"

이렇게 물으면,

"어디로 가면 좋겠니?"

하고 되묻는 겁니다. 질문하고 곧바로 답을 들으면 아이는 생각하지 않아도 됩니다. 하지만 엄마의 질문에 답을 하려면 생각을 해야 합니다.

"OO가 좋아요"라고 답하면, "거기가 왜 좋아?"라고 오레오 공식으로 대화를 이어 갈 수 있습니다. 질문을 되돌려 주는 것으로 오레오 공식을 쉽게 습관으로 만들 수 있습니다.

저도 그랬어요. 아이가 초등학교 때부터 뭔가를 물으면, 알고 있어도 바로 답해 주지 않았습니다. "찾아볼래? 그래도 모르면 물어봐" 하고 요구했습니다. 아이는 답을 찾느라 책을 보거나 인터넷을 검색하고, 그래도 모르겠으면 아빠에게 물어봅니다. 아이가 얼추 답을 찾았다 싶으면 되물어 봅니다.

"뭐라고 나왔어? 뭘 어쩌라는 거래?"

아이에게 글쓰기를 가르치지 않았는데도 글을 제법 잘 쓰는 아이로 자란 것은 바로 이 질문하기가 비결이었다고 생각합니다. 아이의 생각을 끌어내는 질문을 자주 하시기 바랍니다.

오레오로 묻고 오레오로 답하라

아이들이 오레오 공식을 활용하여 생각하고 표현하는 습관을 들이면 공부에 임하는 아이의 태도가 저절로 확 바뀝니다. 탄탄한 사고 체력을 가졌으니 선생님 말귀를 척척 알아듣고 국어 실력이 부쩍 좋아지며 수행 학습, 서술형 시험 등 학교에서 해결해야 할 크고 작은 과제나 문제를 알아서 해결합니다. 이런 놀라운 변화를 위해 엄마가 할 일은 아이에게 오레오 공식을 알려 주고 활용하게 하는 것입니다.

오레오 공식이라니, 벌써 이름부터 쉽고 재밌습니다. 생각하는 공부, 글쓰기 연습이 아니라 놀이처럼 오레오 공식을 활용하세요. 예를 들어, 4행시를 짓듯 엄마가 먼저 'O-R-E-O' 운을 띄워 주고 아이가 해당하는 내용을 말하게 합니다. 그런 다음 오레오 공식에 맞춰 정리하라고 해 보세요. 노트에 이 책 부록으로 제공해 드린 오레오 활동지를 붙여 주고 쓰게 하는 방법도 있습니다. 또는 아이가 손수 오레오 공식표를 그려 사용하게 해도 좋습니다. 요점은 오레오 공식이 아이가 생각하고 글을 쓸 때 언제든 활용하는 친근한 도구라는 인식을 심어 주자는 것입니다.

오레오 공식을 사용하여 아이와 대화하면 아이의 속내를 파악하는 데도 좋습니다. 예를 들어, 아이가 학원에 가기 싫다고 합니다. 이럴 때, 왜 학원에 가기 싫으냐고 다그치기보다 오레오 공식을 떠올리며 아이가 스스로 생각을 정리하도록 유도합니다.

"학원에 가지 않겠다는 것이 너의 의견이구나."
"그 이유가 뭘까? 왜 가기 싫은 걸까?"

이렇게 물으면 아이는 생각을 하기 시작합니다. 이때 질문에 '의견'이나 '이유'라는 단어를 포함시켜서 오레오 공식을 의식하게 합니다.

"선생님이 나를 한 번도 안 쳐다봐서!"

라고 대답했다고 합시다. 그러면 이렇게 물어봅니다.

"그랬구나. 언제 그런 일이 있었는지 예시를 들어 볼래?"

이때도 '예시'라는 단어를 사용하여 대화를 이어 갑니다. 그러면 아이는 학원에 가기 싫은 이유를 발견하고 그 이유가 타당한지 아닌지 저절로 깨닫기도 합니다. 또는 아이도 모르고 있던 뜻밖의 이유를 찾을 수도 있습니다. 마지막으로 엄마는 다음처럼 아이의 의견을 강조해서 묻습니다.

"그래서 너의 의견은 학원에 안 가겠다는 거지?"

그러면 아이는 "오늘만 빠지겠어요"라고 대답하거나, 혹은 "다시 생각해 보니 다녀오는 게 좋겠어요"라고 자신의 의견을 정리해서 말할 것입니다.

이런 식으로 평소 아이와 대화할 때 오레오 공식을 사용하면 아이가 깊게 생각하는 습관을 가지게 됩니다. 오레오 공식은 생각을 논리적으로 만들고 정리하고 표현하게 돕는 도구입니다. 아이를 스마트하게 만드는 엄마의 스마트한 비밀 레시피라고 할 수 있습니다.

"더도 덜도 말고 하루 10분만 쓰게 하라"

하버드생처럼 글쓰기

글을 잘 쓰고 싶다면서 하지 않는 단 한 가지

"정규 수업에 에세이 쓰기가 들어 있어 수업 시간에 자주 썼어요."

이 책을 쓰는데 저희 아이가 오며 가며 힐끔거리더니 아는 척합니다. 아이는 미국 공립학교에서 초등학교 5학년을 다녔습니다. 아이에게는 수업 시간에 에세이 쓰던 기억이 그리 불편하지 않았나 봅니다. 한국에 돌아와서도 중학교 1학년부터 고등학교 3학년 수능 시험 보기 직전까지 매일 글 한 편씩 쓰는 일을 군말 없이 한 걸 보면요.

그저 매일 짧은 글 한 편씩 썼을 뿐인데, 단지 그렇게 6년 동안 했을 뿐인데, 아이는 지금 제법 글을 잘 쓴다고 자부합니다. 중고등학교 다닐 때부터 글쓰기 상을 곧잘 타다 날랐고, 대학에서도 리포터 쓰기 등 글쓰기와 관련된 과제를 척척 해냈습니다. 군에서 복무할 때는 독후감을 쓰고 특별 외박을 나오기도 했고, 또 핀란드 대학에 교환학생으로 가서는 실습하는 기업의 블로그 포스팅 작업을 자원하는 등 필요할 때마다 글쓰기 능력을 써먹곤 합니다. 그때나 지금이나 저는 아이의 글쓰기에 대해 아무 말도 하지 않습니다. 아이에게 저는 그냥 엄마거든요.

《12가지 인생의 법칙》을 쓴 조던 피터슨 교수는 전 세계 청년들이 열광하는 멘토입니다. 그는 누군가를 위해 할 수 있는 가장 좋은 일은 글 쓰는 법을 가르치는 것이라며 글쓰기를 전도합니다.

"글쓰기는 생각하기이고 생각하기는 존재하고 살아가는 것이다. 따라서 글을 잘 쓰게 되면 생각을 잘하게 되고 생각을 잘하게 되면 지혜롭게 살게 된다. 지혜롭게 사는 사람은 보다 잘 살 확률이 높다."

피터슨 교수의 말대로 아이가 글쓰기를 잘하도록 돕는다면 아이가 지혜롭게 잘 살게 될 테니 부모로서 할 수 있는 가장 좋은 일을 하는 것입니다.

글쓰기는 벼락공부가 아니다

하버드 대학교에서 글쓰기 프로그램을 가르치는 낸시 소머스 교수. 그에게 기자들이 "어떻게 하면 글을 잘 쓸 수 있는가"라고 묻습니다.

"글을 잘 쓰고 싶으면 짧은 글이라도 매일 써 보세요."

소머스 교수는 20년 간 하버드 학생들의 글쓰기를 지켜본 결과, 어릴 때부터 짧게라도 읽기와 쓰기를 꾸준히 해 온 학생이 대학에서도 글을 잘 쓰더라는 경험칙을 공유합니다. 그의 이 말은 하버드 글쓰기 수업의 원칙이기도 합니다.

"하루 10분이라도 매일 글을 써야 비로소 '생각'을 하게 된다."

낸시 소머스 교수는 쓰기는 생각하기와 불가분의 관계이므로 매일 10분이라도 쓰면 10분이라도 생각하게 된다고 강조합니다.

하지만 매일 글을 쓰면서 글쓰기를 배우는 사람은 많지 않습니다. 그러면서 글쓰기를 배우러 다니는 데는 열심입니다. 글쓰기는 습관이지, 벼락공부가 아닙니다.

엄마가 해야 할 일 단 한 가지

"학생들에게 뭘 만들어 보라 하면 열이면 열 책을 사서 공부해요. 다 읽고 나면 어렵거든요? 그러면 또 다른 책을 사서 봐요. 이렇게 계속 공부만 해요."

소프트웨어 인재 양성 기관 이노베이션 아카데미에서 학생들을 가르쳐 온 이민석 교수의 증언입니다. 글쓰기를 배우는 어른도 다르지 않습니다. 글 좀 잘 써 보겠다며 시간 들이고 돈 들여 강사를 찾아다니고 수업을 듣습니다. 그런데 그들은 글을 매일 쓰지 않습니다. 그러니 그들에게 배우는 사람들도 글을 잘 안 쓰게 됩니다.

사실 아이들은 글쓰기에 대해 알아야 할 것을 학교에서 다 배웁니다. 하지만 배운 대로 글을 쓰면서 글쓰기 능력을 기르지는 않습니다. 주장하기와 근거를 구분할 줄 안다고, 문장성분을 묻는 시험 문제를 다 맞혔다고, 맞춤법과 문장부호를 안다고 글을 쓸 줄 아는 것은 아닙니다. 단어를 많이 알아 십자말풀이를 죄다 푼다고 해도 전하고 싶은 내용을 논리적으로 표현하고 전달하지는 못합니다. 글쓰기 능력은 써야 길러집니다.

우리 아이가 잘 쓰기 위해 해야 할 것은 단 하나, 글을 쓰기입니다. 그런데 아이가 글쓰기를 배우면서 하지 않는 한 가지가 있다면,

역시 글쓰기입니다! 그렇다면 우리 엄마들이 나서는 수밖에 없습니다. 아이들이 배운 대로 실제로 글을 쓰게 도와야지요. 아이의 인생, 중요한 순간마다 글쓰기로 발목 잡히는 일이 없어야 하니까요. 우리 아이가 매일 10분이라도 글을 쓴다면, 그리하여 10분이라도 생각하게 된다면, 하버드 학생들과 다를 게 없지 않겠어요?

손흥민의 기본기, 하버드생의 기본기

국민 엄친아 손흥민 축구 선수. 몸값이 866억 원, 아시아 1위라고 합니다. 가히 세계 톱 축구 선수 반열에 올랐다고 할 수 있습니다. 한국 축구 역사상 가장 뛰어난 선수라고 하는 이도 있습니다. 전문가들은 손흥민 선수가 지닌 뛰어난 실력의 비결은 남다른 기본기에 있다고 입을 모읍니다. 손흥민 선수는 아버지에게서 축구를 배웠습니다. 축구 국가대표 선수를 지낸 아버지는 기본기부터 다지는 것이 기술을 배우는 것보다 훨씬 중요하다고 판단하여 유소년 축구 교실에 보내지 않았다고 합니다.

손흥민 선수의 아버지는 '아들이 공을 갖고 재미있게 놀게 만들기'를 목표로 삼았습니다. 덕분에 손흥민 선수는 공을 발등에 한번 올리면 40분 동안이나 떨어뜨리지 않고 갖고 놀 수 있게 되었습니다. 공을 자유자재로 다룹니다. 이렇게 다진 기본기 덕분에 그는 17살에 독일 분데스리가에 진출했고, 바로 두각을 드러냈습니다.

"내가 슈팅 능력을 타고났다고 하지만, 나의 슈팅 능력은 재능이 아니라 훈련의 결과다. 2011년 여름, 매일 1,000개씩 연습했고, 시즌 중에도 시간이 나면 슈팅 훈련을 했다."

손흥민 선수가 골을 자주 터뜨리는 공간을 '손흥민 존'이라 하는데요, 어째서 유독 여기에서 많은 골을 넣느냐고 묻자, 손흥민 선수는 이렇게 답합니다.

"어릴 때 아버지와 많이 훈련했던 위치라 좋아한다."

우리 아이가 초등학교를 졸업하기 전 오레오 공식을 자유자재로 활용할 수 있게 된다면, 그리하여 논리적으로 생각하고 글을 쓰는 기본기를 다진다면, 이 경험이 재밌고 즐거운 것으로 아이에게 기억된다면, 우리 아이도 손흥민 선수처럼 비싼 인재가 될 수 있습니다.

아이가 제 몫을 톡톡히 하는 어른이 된 어느 날, 누군가 어째서 글을 그리 잘 쓰느냐고 물으면, 이렇게 대답할 것 같지 않나요?

"어릴 때 엄마와 매일 하던 연습이라 참 좋아한다."

여기, 하버드생처럼 글 잘 쓰게 되는 기초 다지기 연습법을 소개합니다. '하버드생처럼 하루 10분 글쓰기'입니다.

하버드생처럼 생각하고, 하버드생처럼 글쓰기

'하버드생처럼 하루 10분 글쓰기'는 아이가 논리적으로 생각하고 표현하는 사고 체력을 탄탄하게 다지도록 돕습니다. 생각한 것을 논리적으로 쓰게 하는 차원이 아니라, 아예 생각 자체를 논리적으로 하게끔 습관을 들이는 것입니다. 오레오 공식을 활용하여 하루에 10분씩만 글을 쓰게 함으로써 논리적으로 생각하는 습관을 뇌에 설치합니다.

방법은 간단합니다. 하나의 주제를 정해, 4줄의 오레오 공식으로 쓸거리를 만들고, 이를 서술하여 1문단의 짧은 글로 완성합니다. 겨우 4줄이라고? 그것으로 될까? 의문이 생길 수도 있겠지만, 초등학교 4학년 무렵의 아이들은 필기구를 손에 쥐고 글씨를 쓰는 운필력이 채 자라지 않아 한 번에 4~5줄이 적당하다고 전문가들은 조언합니다. 게다가 핵심을 빠르게 전달하는 글쓰기는 그리 많은 분량이 필요하지도 않습니다.

'하버드생처럼 하루 10분 글쓰기'의 목표는 논리적으로 사고하는 패턴인 오레오 공식을 구구단처럼 외워 사용하게 하는 것입니다.

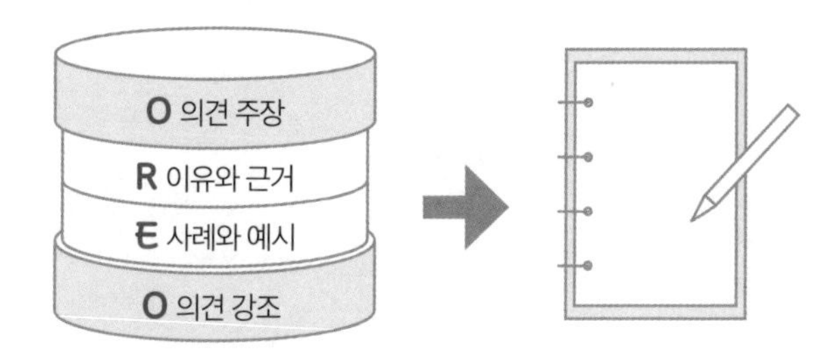

하버드생처럼 하루 10분 글쓰기

오레오 공식으로 쓸거리를 만들고 이를 1문단의 짧은 에세이로 완성하는 논리적 글쓰기 연습법.

하버드생처럼
하루 10분 글쓰기 비법

'하버드생처럼 하루 10분 글쓰기'는 3단계로 연습합니다. 1단계 주제를 정하고, 2단계 오레오 공식으로 쓸거리를 만들고, 3단계 이를 한 편의 짧은 글로 완성합니다.

1단계 : 주제 정하기

1단계에서 무슨 내용을 쓸지 주제를 정합니다. '주제를 정하라'고하기 전에 아이가 '주제'라는 말을 알고 있는지 물어보세요. 그리고 '주제란 글쓴이가 글을 통해 드러내려고 하는 생각'이라고 한 번 더 알려 주세요.

아이가 주제를 정하면 물어보세요. "왜 그 주제로 쓰려고 하는 거야? 무슨 생각을 글에 담고 싶어?" 자꾸 질문하는 것은 아이가 생각하도록 유도하기 위해서입니다. 질문하고 답하기를 반복하다 보면 아이는 혼자서 글을 쓸 때도 자문자답하며 생각을 만들어 갑니다.

주제는 핵심 단어 하나로만 표현하면 너무 막연하여 생각을 가로막을 수 있습니다. 단어에 의견을 더하면 주제가 선명해집니다. 예를 들어, 아이가 스마트폰을 사 달라는 내용을 주제로 정하려 할 때

'스마트폰'

이렇게 주제어 하나만 쓰기보다

'스마트폰 사 달라고 하기'

이렇게 주제어에 의견을 더해서 두어 단어로 표현하면 주제가 훨씬 구체적이 되어서 생각을 이어 가기 수월해집니다.

여기서는 코로나 19 사태로 언급되기 시작한 '9월 학기제'에 대해 글을 쓴다고 가정하고 '하버드생처럼 하루 10분 글쓰기'를 연습해 봅니다.

먼저 주제를 정합니다. 이때 '9월 학기제'라고 주제어만 쓰는 것보다는 여기에 자신의 의견을 포함하여 '9월 학기제를 찬성한다' 또는 '9월 학기제를 반대한다'고 쓰도록 유도합니다.

2단계 : 오레오 공식으로 쓸거리 만들기

1단계에서 완성한 주제를 쓸거리로 만드는 단계입니다. 오레오 공식을 활용하여 '의견 주장하기-이유 제시하기-사례 제시하기-의견 강조하기'의 4줄로 논리정연한 쓸거리를 만들게 합니다. 이때 각 줄은 완전한 문장으로 쓰게 유도합니다.

쓸거리를 만들 때, 아이에게 'O-R-E-O'의 각 문장을 이끌어낼 문장식을 알려주세요. 그러면 아이가 더 수월하게 쓸거리를 만들 수 있고 기억하기도 좋습니다. 문장식은 다음과 같습니다.

Opinion 의견 주장하기 : "내 생각은 ~이야"

Reason 이유 제시하기 : "왜냐하면~"

Example 사례 제시하기 : "예를 들면~"

Opinion 의견 강조하기 : "그래서 ~하면 좋겠어"

이제 '9월 학기제를 찬성한다'는 주제를 오레오 공식으로 정리하여 쓸거리로 만들어 봅니다.

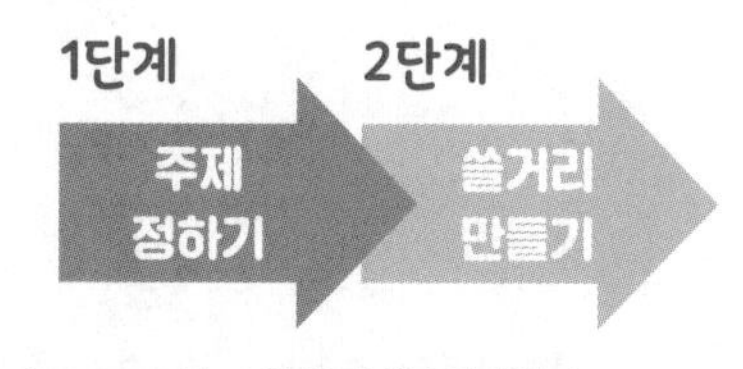

Opinion 나는 9월 학기제를 찬성한다.
Reason 왜냐하면 세계 많은 나라가 9월 학기제를 시행하기 때문이다.
Example 예를 들면 미국도 유럽도 모두 9월에 새 학기를 시작한다.
Opinion 그래서 나는 우리나라도 9월 학기제를 하면 좋겠다.

3단계 : 에세이 완성하기

2단계에서 4줄로 구성한 쓸거리를 연결하고 살을 붙이면 드디어 에세이가 완성됩니다. 100자 내외의 짧지만 논리정연하고 강력한 에세이입니다.

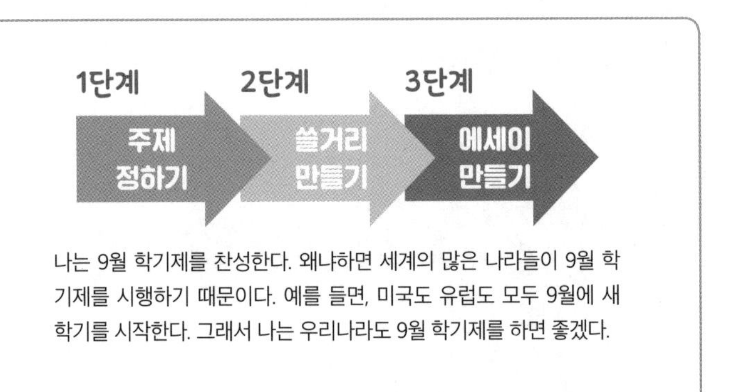

주제를 정하고, 주제를 4줄의 쓸거리로 만들고, 쓸거리를 연결하여 짧은 에세이로 만드는 연습에 익숙해지면, 'O-R-E-O'의 각 줄을 5줄, 10줄로 늘리는 일은 어렵지 않습니다. 각 줄마다 핵심 문장을 보완하는 자료를 다양하게 동원하면 얼마든지 가능하니까요. 핵심 문장을 뒷받침하는 배경 지식에 대해서도 아이들은 이미 학교에서 다 배우니까요.

에세이 점검하기

주제를 정하고, 논리적으로 쓸거리를 만들고, 짧지만 어엿한 한 편의 에세이가 완성되었습니다. 이제 아이가 쓴 에세이를 소리 내어 읽으며 점검하게 합니다.

1. 글쓴이의 의견이 주제와 관련이 있는가?
2. 글쓴이의 의견이 뒷받침 문장과 관련이 있는가?
3. 뒷받침 내용이 사실이고 믿을 만한가?

이 3가지 점검 포인트는 아이들이 국어 시간에 의견을 주장하는 글쓰기 단원에서 배우는 것입니다. 점검은 엄마가 함께 해 주세요. 아이의 글에서 부족하다고 여겨지는 부분이 보이면 직접 고쳐 주지 말고 아이에게 질문하세요.

"세계 많은 나라들이 9월 학기제를 한다고? 얼마나 많은 나라들이 그래?"

"미국이나 유럽은 9월 학기제인제, 우리나라와 일본은 왜 3월 학기제일까?"

이렇게 질문하면 아이도 궁금해집니다. 그러면 의견을 바꾸거나 자신의 의견에 맞는 배경 지식을 새롭게 찾아 엄마에게 설명하려 할 겁니다. 이러면서 아이는 생각하는 힘을 탄탄하게 길러 갑니다.

잘 썼네, 못 썼네 하기 전에

오레오 공식은 글로 쓰고 싶은 내용을 논리정연하게 딱 4줄로 정리해 주는 마법의 도구입니다. 오레오 공식은 누구든 어떤 상황에서든 의도한 대로 쉽고 빠르고 근사하게 생각하고 쓰도록 돕습니다. 그런데 이 마법이 빛을 내기 위해서는 딱 하나의 조건이 있습니다. 'O-R-E-O'에 해당하는 각 줄을 완전한 한 문장으로 써야 한다는 것입니다. 그래야 의미가 제대로 전달되기 때문입니다.

완전한 문장을 쓴다는 것은 문장을 이루는 성분을 모두 갖춰 쓰는 것을 말합니다. 그 성분이란 주어, 서술어, 목적어의 3가지가 기본입니다. 3가지 중에 하나라도 빠지면 그 문장은 의미를 전달하기 어렵습니다. 매일 아이가 오레오 글쓰기 연습을 할 때 완전한 문장을 쓰도록 지도해야 하는 이유입니다.

세계 최고의 인터넷 기업인 아마존도 보고서 쓸 때 문장성분을 제대로 갖춘 완전한 문장으로 쓰도록 규칙을 정해 놓았습니다. 이 규칙은 완전한 문장쓰기가 얼마나 중요한가를 단적으로 보여 줍니다.

우리나라 말은 완전한 문장이 아니더라도 뜻이 통하는 경우가 많습니다. 그래서 일상생활에서 대화를 할 때 문장성분을 빠뜨리는 경우가 흔합니다. 문장성분이 빠진 불완전한 문장을 쓰는 습관 때문에 곤혹을 치르는 직장인이 참 많습니다.

문장성분 꼼꼼히 챙기기

문장을 이루는 요소를 하나하나 챙겨 완전한 문장으로 쓰다 보면 논리적으로 빈 곳을 발견할 수 있습니다. 그러면 그 부분에 대해 생각하고 보완하여 결함을 메울 수 있습니다. 따라서 아이들에게 완전한 문장 쓰기를 집요하게 강조해야 합니다. 아이가 글을 쓰면 "잘 썼네, 못 썼네" 하지 말고, 문장 성분을 갖춰 썼는가만 살펴보기 바랍니다. 생각을 논리적으로 구성하는 짧은 글을 연습하는 것이므로 이것만 챙겨도 됩니다.

예를 들어, 아이가 써 놓은 문장이 이렇습니다.

"9월을 찬성한다."

이 문장에는 주어가 생략되고 목적어도 분명하지 않습니다. 불완전한 문장입니다.

"나는 9월 학기제를 찬성한다."

주어를 밝히고, '9월 학기제'라고 목적어를 바로잡아 완전한 문장으로 만듭니다.

"왜냐하면 세계 많은 나라들이 그런다."

이 문장에는 목적어가 생략되었고, '그런다'라는 식의 모호한 표현이 있습니다.

"왜냐하면 세계 많은 나라들이 9월 학기제를 시행하기 때문이다."

목적어를 넣고 '그런다'를 정확한 내용으로 바꿨더니 문장이 완전해졌습니다.

"예를 들면 모두 9월에 새 학기를 시작한다."

이 문장도 불완전합니다. 뭐가 빠졌을까요? 누가 그렇게 한다는 건지 주어가 빠졌습니다.

"예를 들면 미국도 유럽도 모두 9월에 새 학기를 시작한다."

주어를 챙겨 넣으니 의미가 정확하게 전달됩니다.

"그래서 우리나라도 9월 학기제를 하면 좋겠다."

이 문장에서는 얼핏 '우리나라도'가 주어처럼 보이지만, 실제로는 '좋겠다'에 해당하는 서술어의 주어가 빠져 있는 상태입니다.

"그래서 나는 우리나라도 9월 학기제를 하면 좋겠다."

서술어의 주체를 제대로 찾아 넣으니 완전한 문장이 되었습니다.

이렇게 엄마가 아이 앞에서 문장을 완성하는 마법을 부려 보세요. 초등학생이 쓴 문장은 단순하고 어렵지 않습니다. 엄마도 이 정도 마법은 충분히 부릴 수 있습니다.

'글 잘 쓰는 뇌'를 만드는 시간, 10분

글을 잘 쓰지 못하는 사람은 고민을 하고, 글을 잘 쓰는 사람은 생각을 합니다. 글을 쓰려고 하는 순간, 우리 머릿속에서는 참으로 많은 일들이 일어납니다. 생각을 떠올리고 잡아 두고 엮어 냅니다. 이 복잡한 작업을 머릿속에서만 하면 뇌에 과부하가 걸립니다. 오류가 나거나 작동을 멈추는 일도 생깁니다.

이때 필요한 것이 '쓰면서 생각하기'라는 도구입니다. '하버드생처럼 하루 10분 글쓰기'는 논리적으로 생각하면서 쓰고, 쓰면서 생각하는 능력을 개발하는 도구입니다.

도구가 한번 손에 익으면 능수능란하게 다룰 수 있는 것처럼, '하버드생처럼 하루 10분 글쓰기'도 한번 능숙해지면 자유자재로 다룰 수 있어 더 좋은 생각, 더 나은 표현을 생산해 낼 수 있습니다. 그런데 하루 10분 연습으로 이 도구가 익숙해질 수 있을까요?

'글쓰기 뇌'는 매일 조금씩 자란다

세계의 초일류 인재들은 재능의 핵심 요소에 초점을 맞춰 완벽하게 해내도록 연습하는 사람들이라고 통찰한 대니얼 코일은 5분이라도 매일 꾸준히 연습하는 것이 일주일에 1시간 몰아서 연습하는 것보다 효과적이라고 강조합니다.

"우리의 뇌는 하루에 조금씩 자라기 때문에 5분밖에 안 되더라도 매일 조금씩 연습한다면 의도한 대로 뇌가 성장하지만, 이따금 연습한다면 뇌는 매번 연습 내용을 따라 잡는 데 허덕거리게 되어 효과적이지 않다."

전문가들의 연구를 종합하면, 초등학생의 절반 이상은 책을 읽는 시간이 하루 평균 15분 미만에 머뭅니다. 미국 초등학교에서는 매일 수업이 시작되기 전 글쓰기를 하는데 그 시간이 15분입니다. 이렇듯 초등학생의 읽고 쓰기에 관한 한 15분은 마법의 숫자입니다.

오레오 공식으로 논리적 글쓰기를 하는 데 걸리는 시간도 아이들의 집중력을 생각하면 10분에서 15분쯤이 적당합니다. 아이들 성향이나 습관에 따라 30분이 걸릴 수도 있겠지요. 하지만 매일 같은 패턴으로 연습하다 보면 5분에 끝나기도 할 겁니다. 또 앞에서 언급했듯, 아이들의 글씨 쓰는 힘이 발달하지 않은 만큼 10분이라는 숫자에 매이기보다 논리적으로 생각하기를 연습하는 데 매일 일정한 시간을 들인다고 여겨 주면 좋겠습니다. 이 매일 10분 연습이 아이의 뇌를 아예 '글 잘 쓰는 뇌'로 바꿔 놓을 것입니다.

그러면, 하루 중 언제 오레오 글쓰기 연습을 하면 좋을까요? 매일 정해진 시간에 규칙적으로 할 수 있다면 언제든 좋습니다. 아이에게 물어보세요. 언제 하면 좋겠는지, 왜 그때가 좋은지, 오레오 공식으로 생각하게 하세요. 그런 다음 아이가 결정하게 하세요.

아이의 자발성 끌어내기

그러나 아무리 좋은 방법도 아이가 자발적으로 하지 않으면 효과를 기대하기 어렵지요.

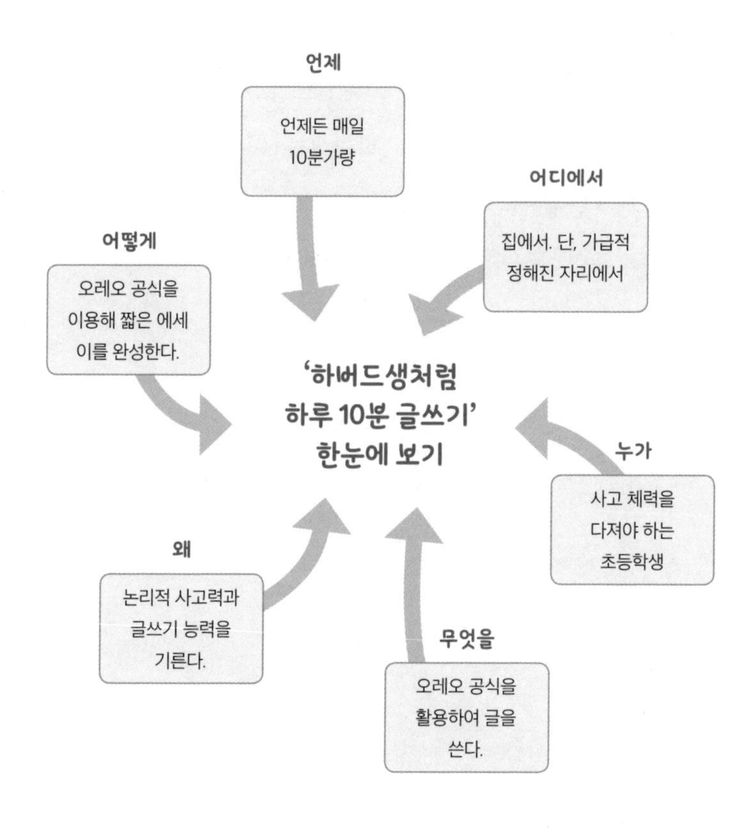

아이에게 '하버드생처럼 하루 10분 글쓰기'에 대해 자세히 설명해 주세요. 그 유명한 하버드 대학교가 '창의적이면서도 논리적이고 설득력 있는 사람'을 만들기 위해 글쓰기 교육에 그토록 매달린다고 먼저 이해시켜 주세요. 아이가 이해하고 납득하도록 설명하고 나서 하버드 키즈가 되어 보자고 유혹하면 아이가 먼저 서두를지도 모릅니다.

앞 그림은 '하버드생처럼 하루 10분 글쓰기'를 육하원칙으로 알기 쉽게 설명한 것입니다. 아이들도 학교에서 6학년 2학기 국어 과목 기사문 쓰기 단원에서 육하원칙을 배웁니다. 따라서 이대로 아이에게 설명해 주면 아이가 빠르게 이해할 것입니다.

글쓰기, 키보드에 양보하지 마라

오레오 글쓰기 연습을 하라고 하면, 스마트폰이나 컴퓨터로 하겠다는 아이가 있을 수 있습니다. 하지만 노트에 손글씨로 쓰게 하세요. 손글씨는 아이의 뇌 발달에 매우 유용하다고 하니, 키보드에 양보하지 마세요.

특히 손글씨로 매일 글을 쓰면 필체가 좋아집니다. 반듯한 글씨는 학교 시험에 적잖은 영향을 미칩니다. 시험 답안지는 손글씨로 작성하니까요. 시험지를 채점하는 입장에서 글씨를 알아보기 힘들면 그 내용도 별로라고 생각하기 십상입니다.

요즘 아이들은 컴퓨터 마우스를 손에 쥐고 태어난다지요. 또 학교에서 일찌감치 컴퓨터를 사용하여 교육하는 바람에 키보드에 친숙합니다. 그래서 글을 쓸 때도 컴퓨터로 하고 싶어 하는 아이들이 많습니다. 머릿속 생각을 정리하고 표현하는 글쓰기를 손으로 하는 것과 키보드로 하는 것에 차이가 있을까요?

인디애나 대학교 심리학과 카린 제임스 교수가 실험했습니다. 글자를 모르는 아이들에게 문자와 모양이 그려진 카드를 보여 주며 따라 그리게 한 뒤 뇌 스캐너를 통해 두뇌의 활동 변화를 추적했는데, 빈 종이에 직접 따라 쓴 아이들에게는 어른이 뭔가 읽거나 쓸 때 나타나는 뇌 반응이 활성화됐습니다. 반면, 모니터를 보며 키보드를 눌러서 따라 그린 아이나 점선으로 된 문자나 모양을 실선으로 잇게 하며 따라 그린 아이들은 이런 반응이 없거나 미약했습니다.

카린 제임스 교수는 손으로 쓰는 행위는 우리의 뇌를 끊임없이 집중시켜 준다고 결론을 내립니다. 손으로 글을 쓰면 단어의 조합을 생각하게 하고, 쓰는 내용을 평가하게 하고, 글자를 띄어 쓰는 것까지 계산하게 하니 뇌를 단련하는 데는 손글씨로 쓰는 것이 훨씬 좋다고 알려 줍니다.

손흥민 선수의 아버지가 기본기 다지기에 그토록 집착한 것은 기본기는 때를 놓치면 만회할 수 없다고 판단했기 때문입니다. 논리적으로 생각하기, 논리적으로 글쓰기도 초등학교 때 기본기를 다지지 않으면 때를 놓치고 맙니다. 학원이나 과외로도 안 됩니다. 초등학교를 졸업하기 전 집에서 엄마와만 할 수 있는 일입니다.

"내신 성적부터 수능 대비까지 오레오로 대비하라"

하버드생처럼 공부하기

하버드의 공부벌레들은 어떻게 공부할까

하버드생이 졸업할 때까지 쓴 글을 모으면 A4 용지로 50킬로그램쯤 된다고 합니다. 하버드에서는 모든 전공 전 학년에 걸쳐 어마어마한 글쓰기 숙제를 내줍니다. 글쓰기 숙제가 수업에 적극적으로 참여하게 하며, 수업 내용을 이해하고 아이디어를 적용해 보는 데 크게 기여하고, 학생들은 이 과정을 통해 수업 내용에 큰 관심과 흥미를 갖게 된다고 하버드 대학교는 증언합니다. 하버드뿐만 아니라 미국, 유럽 등 서양의 대학들 대부분이 매학기 엄청난 글쓰기 과제를 내는 것도 같은 이유에서입니다.

비결은 쓰면서 공부하기

하버드에서 심리학 개론 수업을 듣는 학생 800명을 대상으로 테스트했습니다. A 그룹 학생에게는 핵심 개념을 제시한 후 그 내용에 관해 글로 쓰도록 했습니다. 저마다 이해한 내용에 사례를 더하고 자기 나름의 표현으로 구체적으로 쓰게 했습니다. B 그룹 학생에게는 핵심 개념이 요약된 슬라이드를 보여 주고 그 내용과 사례를 그대로 옮겨 쓰게 했습니다. 그런 다음 두 그룹 학생에게 핵심 개념을 이해했는지 평가하는 문제를 풀게 했습니다. 그랬더니 자신만의 언어로 내용을 다시 쓴 A 그룹이 주어진 내용을 베껴 쓴 B 그룹보다 높은 등급을 받았습니다. 또 두 달쯤 뒤에 한 번 더 시험을 봤는데, 이때도 A 그룹의 학습 효과가 현저히 높았습니다.

밴더빌트 대학교에서 연구한 결과도 이와 비슷합니다. 연구진은 4살짜리 아이들에게 퍼즐 문제를 내주고 혼자 풀게 하거나, 푸는 방법을 녹음하게 하거나, 푸는 방법을 엄마에게 설명하게 했습니다. 그랬더니 엄마에게 설명하며 문제를 푼 아이가 가장 많은 정답을 냈다고 합니다. 두 실험 모두 배운 것을 말로 표현하고 설명하기의 효과를 증명합니다.

유대인은 모든 분야에서 세계를 주름잡는 집단입니다. 하브루타라고 불리는 유대인 교육의 핵심은 어디서나 화제를 몰고 다닙니다. 하브루타는 싱크 얼라우드(think aloud), 즉 '말하면서 생각하기'에 입각한 공부법입니다.

유대인은 '말로 설명할 수 없으면 모르는 것'이라며 아이들에게 배운 것과 생각한 것을 말로 표현하게 합니다. 나아가 다른 사람에게 설명하게 하여 배운 것을 확실하게 자기 것으로 만들게 합니다. 하브루타 방식으로 공부하면 하나를 배우더라도 제대로 알게 됩니다.

배운 것을 말로 표현하고 설명하는 것의 효과가 이 정도이니, 배운 것을 글로 쓰게 하면 그 효과가 얼마나 탁월할까요? 말로 할 때보다 훨씬 더 잘 생각하게 되고, 훨씬 더 잘 이해하게 되고, 훨씬 더 오래 기억하게 될 것은 분명합니다.

쓰면서 공부하는 '오레오 공부법'

배운 것을 깊이 있게 이해하고 적용하는 것은 오직 그 내용을 글로 쓰는 과정에서만 가능합니다. 하버드 대학교가 모든 전공, 모든 과목, 모든 과정에 쓰면서 공부하는 프로그램을 도입한 것도 이 때문입니다.

우리도 하버드 대학교의 신념을 공유하고 아이에게 권하기로 해요. 우리 아이도 쓰면서 공부하게 해야겠습니다. 이름하여 '오레오 공부법'입니다. 앞서 우리는 오레오 공식으로 생각을 정리하고 그것을 짧은 에세이로 풀어 쓰는 연습을 했으니, 이제 쓰면서 하는 공부, 즉 오레오 공부법도 문제없습니다.

전국 학력 평가 시험에서 꼴지권에 머물던 한 지방도시가 대도시를 제치고 1위를 차지합니다. 일본 아키타현 산골 마을의 한 초등학교가 주인공입니다. 전체 인구가 3,000명도 안 되는 작은 마을의 히가시나루세 초등학교. 이 학교에 다니는 아이들은 가정 형편이 넉넉지 못해 학원도 과외도 언감생심입니다. 그런데도 이처럼 놀라운 성과를 거둔 비결은 '매일 그날 배운 것을 노트에 쓰기'뿐입니다. 1학년은 매일 10분, 6학년은 매일 60분씩, 그러니까 자기 학년에 10분을 곱한 시간만큼 '가정 학습 공책'에 그날 배운 내용을 썼다 합니다.

사교육업체 메가스터디도 노트에 쓰면서 공부하기를 강조합니다. 학교 수업이든 인터넷 강의든 독서든, 무엇을 어떤 식으로 배우든, 배운 것을 노트에 쓰면 그 개념을 머릿속에 구조화하는 사고력이 길러지기 때문이라고 강조합니다. 자칭 타칭 '공부의 신'으로 알려진, 서울대 출신의 공부 전문가 강성태 님도 공부를 잘하려면 쓰면서 하라고 권합니다. 배운 것을 쓰다 보면 제대로 이해하지 못한 부분, 잘 모르는 부분을 발견하게 되고, 이 부분을 꼼꼼히 짚고 가야 비로소 자신의 것이 된다고 설명합니다.

공부 잘하는 아이와 못하는 아이의 결정적 차이

컬럼비아 대학교 심리학과 리사 손 교수는 메타 인지 학습법 전문가입니다. 메타 인지 학습법이란 학습자 스스로 생각하는 인지 능력을 확장시켜 성장하도록 하는 교육법입니다. 아이가 스스로 생각하고 질문하며 답을 찾아 가는 자기주도 공부를 하려면 메타 인지 능력을 갖춰야 합니다.

신문이나 방송 등 대중매체에서 앞다퉈 소개하듯, 공부를 월등하게 잘하는 상위 0.1% 아이들은 메타 인지 능력이 탁월합니다. 이들은 자신이 무엇을 알고 무엇을 모르는지 명확하게 파악합니다. 무엇을 모르는지 알기에 그 부분을 보완하는 공부를 할 수 있고, 덕분에 모두가 부러워하는 성적을 올리지요.

반면, 많은 아이들은 모르는 것도 다 아는 줄 알다가 시험을 망치곤 합니다. 학생들은 대체로 학원에서 선행학습을 하고, 학교에서 수업을 듣고, 시험 준비를 하며 요점이 정리된 노트를 여러 번 들여다보는 식으로 공부합니다. 그렇게 여러 번 반복해서 공부하니, 자신이 이미 다 알고 기억하는 것처럼 착각합니다. 특히 내용을 정리한 노트에 밑줄 그어 가며 외우는 식으로 공부하다 보면, 왠지 다 아는 것 같습니다. 하지만 정작 제대로 알지는 못합니다.

무엇을 알고 무엇을 모르는지 확인하는 방법으로 '쓰기'만 한 게 없습니다. 어떤 내용에 대해 글로 써 보게 하는 것은 아이의 메타 인지 능력을 향상시키는 지름길입니다. 몇 해 전 서울에 모인 정치·경제·교육 부문 글로벌 리더들도 입을 모아 이렇게 말합니다.

"하버드와 MIT를 나와서도 평생 한 직장에 다니는 일은 없다. 세계 최고의 대학을 나온 것보다 중요한 것은 학습 능력을 키우는 것이다."

코로나 19 사태로 이전에는 상상하지도 못했던 온라인 수업을 경험했습니다. 학교 밖에서 아이들은 태블릿이며 스마트폰, 컴퓨터로 공부하기 예사입니다. 이제 우리 아이들에게 온라인 학습은 불가피해 보입니다. 온라인으로 수업하고 공부할 때는 잘 알지 못하면서 다 아는 것처럼 여겨지는 착각 현상을 피해 가야 합니다.

자기주도로 공부하는 능력을 갖추지 못한 아이가 온라인으로 공부하면 집중하기 더욱 힘들어진다는 단점에도 유의해야 합니다. 이와 같은 온라인 수업의 단점을 극복하려면 쓰면서 공부하기가 제격입니다.

국어부터 수학까지 만능 오레오 공부법

과학 전문 잡지 〈사이언스〉는 대학생에게 과학에 관한 짧은 문장을 5분 동안 읽게 하는 실험을 했습니다. 대학생을 3그룹으로 나눠 A 그룹은 시험을 준비하듯 반복해 읽도록 했고, B 그룹은 내용에 대한 개념도를 작성하도록 했고, C 그룹은 읽은 문장에 관한 짧은 에세이를 쓰도록 했습니다.

일주일 후 이 학생들을 대상으로 간단한 테스트를 했습니다. C 그룹, A 그룹, B 그룹 순으로 성적이 좋았습니다. 연구진은 읽은 내용, 공부한 내용을 자신의 언어로 새로 쓰면 기억에 훨씬 더 오래 남는다고 결론을 냈습니다.

오레오 공부법은 생각을 명료하게 정리하고 조직하는 글쓰기를 공부에 활용하는 것입니다. 배운 것을 오레오 공식으로 정리하다 보면 공부 내용을 깊이 이해합니다. 이 과정에서 무엇을 알고 모르는지 알게 합니다. 따라서 무엇을 더 공부해야 하는지, 얼마나 해야 하는지도 알게 만듭니다. 쓰면서 공부하는 오레오 공부법은 3단계로 완성합니다.

1단계 : 배운 것을 오레오 공식 4줄로 정리한다.
2단계 : 한 줄을 한 단락으로 만든다.
3단계 : 네 단락을 연결하여 한 편의 글로 만든다.

의외로 사교육 시장에 의존하는 학생들의 성적이 그다지 신통치 않은 이유는 사교육 방법으로는 사고력이 뒷받침되지 않기 때문입니다. 공부 전문가들은 사고력을 키우려면 핵심만 정리하는 강의나 참고서 위주로 공부하는 것보다는 교과서를 보는 것부터 시작하라고 권하기도 합니다.

교과서는 서술형으로 정리되어 있어 생각하는 공부를 할 수 있습니다. 서술형 문장으로 된 교과서를 읽는 것만으로 공부를 더 잘할 수 있다면, 배운 것을 논리정연하게 정리하고 서술하는 오레오 공부법의 효과는 그 100배쯤 강력하리라 믿습니다.

바칼로레아

우리나라에도 인터내셔널 바칼로레아 과정이 도입되려나 봅니다. 몇몇 지자체에서 준비 중이라는 소식입니다. 인터내셔널 바칼로레아는 세계 명문 대학들이 대학 공부에 필요한 사고력을 갖춘 학생을 선발하기 위해 운용하는, 이를테면 국제 수능 시험입니다. 이 평가에서는 학생이 고유한 생각을 자기만의 표현으로 설득력 있게 써야 높은 점수를 받습니다. 지문에 나오는 표현을 그대로 쓰면 감점되기도 합니다.

만일 우리 아이가 인터내셔널 바칼로레아 시험을 본다면 어떨까요? 아마 상상만으로도 아이나 엄마나 기죽기 십상일 것입니다. 하지만 걱정할 것 없습니다. 오레오 공식으로 논리적 사고력을 다졌으니 이 또한 그리 어렵지 않게 임할 수 있습니다. 이미 우리 아이는 오레오 공식을 활용하여 자기만의 생각을 자기만의 글로 써내고 있으니까요.

서술형 수학 문제

수학을 잘하지 못하는 엄마는 아이가 서술형 수학 문제에 절절 매면 "내 탓이요" 하며 좌절부터 합니다. 그런데 오레오 공부법이면 서술형 수학 문제도 어렵지 않습니다. 20년 가까이 서술형 수학을 가르쳐 온 스타 강사 '쭌쌱쌤'이 증인입니다. 그는 서술형 수학 문제는 계산 과정을 보여 주는 것이 아니라 풀이 과정을 글로 설명하는 것이라고 개념부터 잡아 줍니다.

계산 과정은 숫자와 공식만 나열해 문제를 풀어 보이면 되지만, 풀이 과정은 숫자와 공식을 활용해 문제를 풀어 가는 과정을 글로 설명하고 납득시켜야 하기 때문에 훨씬 어렵습니다. 서술형 시험에 취약한 아이들은 문제를 풀지 못해서가 아니라 그 과정을 표현하고 전달하는 것을 어려워하는 것입니다.

오레오 공식으로 생각을 글로 풀어내는 데 익숙한 우리 아이라면 풀이 과정을 설명하는 것이 하나도 어렵지 않습니다. 이제 오레오 공식으로 서술형 수학 문제에 대비해 볼까요?

Opinion : 답을 쓴다.

Reason : 답을 끌어낸 개념이나 원리, 공식을 언급한다.

Example : 문제를 푸는 과정을 설명한다.

Opinion : 정답임을 강조한다.

이제 인터넷에 도는 서술형 수학 문제를 가져와 오레오 공식으로 정리해 봅니다.

문제 : 성규네 어머니는 은행에 예금한 돈 5,258,000원을 찾으려고 합니다. 10만 원짜리 수표로 최대한 몇 장까지 찾을 수 있는지 풀이 과정을 쓰고 답을 구하시오.

오레오 공식으로 답 쓰기 :

O : 답을 쓴다.
52장입니다.

R : 개념이나 원리, 공식을 언급한다.
5,258,000원을 10만 원으로 나누는 셈을 합니다.

E : 문제를 푸는 과정을 설명한다.
5,258,000원을 10만 원으로 나누면 수표 52장과 5만 8,000원이 남습니다.

O : 정답임을 강조한다.

따라서 5,258,000원을 10만 원짜리 수표로 찾으면 최대 52장까지 찾을 수 있습니다.

인도의 한 대학에서 수학과 학생들에게 배운 것을 3분 동안 쓰게 한 뒤 시험을 치렀더니 기존 시험과 비교해 성적이 훨씬 좋았다고 합니다. 연구진은 쓰기가 배움에 효율을 더하는 증거라고 보고했습니다. 오레오 공부법은 수학 성적 올리기에도 특효입니다.

똑 부러지게 토론하는 아이의 비결

우리 아이들은 3, 4학년 국어 교과에서 서로 생각을 교환하는 활동을 합니다. 그러다 5학년이 되면 교과서에 제시된 토론 주제를 바탕으로 모둠별, 학급별 토론을 경험합니다. 이 말은 초등 5학년 이전에 토론 수업을 위해 논리적으로 생각하고 표현하는 능력을 길러 두어야 한다는 뜻입니다.

토론은 특정 주제에 대해 '내 생각은 이런데 네 생각은 어떠니?' 하는 식으로 단순히 의견을 나누는 게 아니지요. 해당 주제에 대해 찬성과 반대로 편을 나누어 각자의 입장을 주장하고 설득하는 소통의

한 방식입니다. 따라서 어느 쪽이든 문제의 핵심을 파악하여 의견을 내고 그 의견을 논리정연하게 주장해야 합니다.

주제를 이해하는 능력, 주제에 대해 논리적으로 의견을 만드는 능력, 그 의견을 표현하고 전달하는 능력 등이 동시에 요구되는 차원 높은 활동이 바로 토론입니다. 전문가들이 알려 주는 토론 잘하는 방법들로는 이러한 것들이 있습니다.

'주제를 잘 이해하라.'
'상대의 의견을 잘 들어라.'
'의견을 논리적으로 주장하라.'
'논리적인 주장을 위해 근거와 예시를 많이 확보해 두어라.'

지금까지 봐 왔던 오레오 공식 그 자체입니다. 평소 오레오 공식으로 글쓰기를 연습해 온 아이라면 따로 토론 수업을 할 필요가 없습니다. 실제로 많은 사교육 선생님들이 토론 능력을 기르려면 논리적인 글쓰기 연습부터 하라고 알려 주기도 합니다. 오레오 공식을 활용하여 이렇게 토론에 임하라 알려 줍니다.

1단계 : 주제를 확인하고
2단계 : 오레오 공식으로 자기 생각을 정리하고

3단계 : 오레오 공식 순서대로 말한다.

토론 수업에서 스타가 되는 법

집에서도 오레오 공식을 사용하여 아이와 모의 토론을 해 보세요. 아이가 관심을 가질 만한 주제로 하면 좋겠지요. 엄마가 아이에게 요구하고 싶은 것을 주제로 삼아도 좋습니다. 주제에 대한 엄마의 생각이 아이와 다를 때는 엄마도 오레오 공식으로 엄마의 생각을 말해 주어야 합니다. 그러면 아이는 엄마의 생각을 받아들이면서 자신의 생각을 바꾸거나 자신의 주장이 맞는다는 것을 증명하기 위해 이유와 근거 찾기에 욕심낼 겁니다. 토론에 점점 능숙해지겠죠?

한번 떠올려 보세요. 우리 아이가 토론 수업에서 어떤 주제에 대한 자신의 의견을 일리 있고 조리 있게 또박또박 말하는 모습을요. 아직 생각이나 표현이 서툰 초등학생들 사이에서 이런 아이라면 금세 스타가 되겠지요.

선생님의 시선을 사로잡는 독서 기록법

'지금 내 아이가 고1이라면 독서를 권하겠다.'

고등학교에서 진학 지도를 해 온 선생님들이 한 신문 인터뷰에서 독서의 중요성을 강조하면서 한 말입니다.

'독서는 진로 탐색과 성적(내신 및 수능), 비교과 활동을 모두 잡는 열쇠다.'

대학 입시 전형에서 각 대학들이 학생들의 학업 능력과 전공 적합성을 판단할 때 맨 먼저 '독서 기록'을 살핀다고 합니다. 대학들은 지원 학생들의 독서 기록을 살피려 이런 문제를 출제합니다.

'고교 재학 중 인상 깊게 읽은 책을 3권 이내로 선정해 책을 읽게 된 계기, 책에 대한 평가, 자신에게 준 영향을 서술하라.'

어려워 보이나요? 이런 종류의 독서 평가는 독서 감상문 쓰기 정도로는 감당이 안 됩니다. 선생님들은 독서 기록 평가에서 높은 점수를 받으려면 평소 책을 읽는 데 그칠 게 아니라 무엇을 느끼고 어떤 영향을 받았는지 구체적으로 기록하는 습관을 길러 주어야 한다고 강조합니다.

지금 우리 아이는 어떨까요? 아이들이 책을 읽고 쓴 독후감을 보면 대체로 책을 읽은 느낌, 책 소개와 줄거리 요약이 전부입니다. 책 내용에 대한 자기 생각을 담지 못합니다. 내내 이런 식으로 독후감을 쓰게 두면 독서 기록으로 아이의 사고 능력을 점검하려는 채점관의 눈에 들 리 없습니다. 책을 읽는 동안 일어나는 생각, 감정을 포착하고 의미를 살피는 습관을 들여야 합니다. 이번에도 오레오 공식이면 충분합니다.

Opinion : 나는 이런 책을 골라 읽었다.

Reason : 이 책을 골라 읽은 이유는 이러저러하기 때문이다.

Example : 이 책을 읽으며 이런 부분 저런 부분에서 이런 생각, 느낌을 가졌다.

Opinion : 이 책을 읽으며 이런 생각을 하게 됐다.

아이가 책을 읽고 나면 이렇게 질문해 보세요.

"그 책을 친구에게 권할 거니?"

"누구에게?"

"권하는 이유가 뭔데?"

"그런 구절이 어디 나와?"

아이가 하나하나에 답을 하면, 오레오 공식에 맞춰 글을 쓰게 하세요. 이렇게 이야기를 주고받은 다음이니 아이도 부담스러워하지 않습니다.

Opinion : 이 책을 ~하는 친구에게 권한다.

Reason : 왜냐하면 이 책은 ~하고 ~하기 때문이다.

Example : 예를 들면, 이 책에 ~하는 내용이 나온다.

Opinion : 그래서 ~하는 친구가 이 책을 읽고 ~하기를 바란다.

내친 김에 이런 질문으로 멋진 독서 기록을 남기도록 유도해 보세요.

"그 책에서 딱 하나 배운 것이 있다면 그게 뭘까?"

그리고 오레오 공식에 따라 답을 쓰게 하세요.

Opinion : 이 책을 읽고 딱 하나 배운 것이 있다면 ~이다.

Reason : 내가 이것을 배우기로 한 이유는 ~해서다

Example : 예를 들어, 이 책을 보면 ~하다.

Opinion : 이 책에서 배운 대로 나는 앞으로 ~할 것이다.

오레오로 자기소개서 쓰는 법

우리 아이들이 사회에 나가 일을 하게 될 때는 인공지능이 입사 지원서와 자기소개서를 채점하고 면접도 볼 것이라고 합니다. 사람 면접관에 비해 여러모로 유능하고 효율적이기 때문이라는데요. 융통성 없는 인공지능 면접관에게 통하려면 '2시간 집중 완성 면접 기술'로는 불가능합니다. 평소 자신의 특성, 장점, 역량을 제대로 파악하고, 이를 일리 있고 조리 있게 전달하는 능력을 길러 두어야 한다고 전문가들은 이야기합니다.

멀리 갈 것도 없습니다. 우리 아이들이 보게 될 대학 입시에서도 블라인드 평가가 확대되어 자소서를 통한 내신 평가 기준이 더욱 높아집니다. 하지만 오레오 공식으로 자기소개서를 쓰는 연습을 하면 인공지능 채점관이든 사람 면접관이든 문제없습니다.

Opinion : 나는 이러저러한 지원자다.
Reason : 내가 이러저러한 지원자라고 말하는 이유는 이것이다.
Example : 예를 들어, 나는 전에 이러저러한 경험을 했다.
Opinion : (학습 계획 등 앞으로의 계획을 밝히며) 나는 이러저러한 인재이다.

오레오로 자아 관찰하기

자신이 어떤 사람인지를 잘 안다면 오레오 공식에 담아내기도 어렵지 않습니다. 하지만 자신에 대해 명확하게 아는 사람은 드물지요. 초등학생이라면 더욱 그렇습니다. 평소 자신을 관찰하는 버릇을 길러 주세요. 그리고 관찰한 자신에 대해 글로 써 보게 하세요. 방법은 내가 싫어하는 것, 좋아하는 것, 하고 싶은 것 등에 대해 오레오 공식으로 쓰게 하는 것입니다.

Opinion : 나는 적응이 빠른 사람이다.

Reason : 왜냐하면, 나는 무엇이든 빨리 배워 내 것으로 만들기 때문이다.

Example : 예를 들어, 대전에서 서울로 전학했을 때 일주일에 친구를 3명이나 사귀었다.

Opinion : 나는 이러한 적응력으로 회사 업무에 재빠르게 적응할 것이다.

오레오 공식으로 자신에 대해 쓰다 보면 좋아하든 싫어하든, 하고 싶든 아니든, 이유와 근거를 논리적으로 파고들게 됩니다. 이러한 과정이 축적되다 보면 아이는 자신에 대해 가장 잘 아는 전문가가 됩니다. 그러면 진학이나 진로를 결정할 때는 물론 자기소개서를 쓸 때도 어렵지 않습니다.

오레오로 자존감 기르기

정신건강의학과 전문의 전미경은 자존감은 감정 상태가 아니라 생각하는 능력이라고 강조합니다. 자율적인 존재로 살아가기 위한 사고 능력이 자존감이라고 합니다. 그러면서 잘 생각할 줄 알면 낮은 자존감 때문에 고생하는 일이 없을 것이라 단정합니다.

"왜 불안하지, 왜 슬프지, 라고 묻고 솔루션을 찾아야 한다. 자존감이 낮은 분들은 대개 지성이 떨어진다. 지성은 지능이 아니라 합리적인 판단, 적극적 사고의 힘이다."

전미경은 엄마 아빠가 이혼을 하더라도 내 잘못은 없다고 자신을 설득시킬 힘이 있으면 자존감이 낮아지지 않는다고 알려 줍니다. 이렇게 사고하는 능력, 특히 자신을 상대로 논리정연하게 설득하는 능력은 아이의 자존감을 원하는 방향으로 만들어 갈 수 있습니다. 오레오 공식으로 생각하게 만들어 주세요. 엄마의 사랑으로 아이가 지성의 힘을 갖도록 해 주세요.

새로운 아이디어가 필요할 때, 오레오

앞에서 소개했지만, 폴 로머 뉴욕대 교수는 노벨상을 탄 세계적인 창의력 전문가입니다. 그는 창의력을 키우려면 글쓰기를 통해야 한다고 말합니다. 창의력은 세상에 없던 것을 새로 만들어 내는 능력이 아니라, 다방면에 걸친 읽기와 쓰기라는 기본기를 갖춘 뒤라야 따라 오는 것이라고 주장합니다.

저는 글을 쓰는 일 자체가 이미 창의적인 행위라고 생각합니다. 오레오 공식으로 글을 쓰면, 쓰기 전에는 세상에 없던 논리정연한 글이 탄생하니까요.

이와 별개로 오레오 공식은 창의적인 아이디어를 만들어 내도록 뇌를 자극하고 생각을 이끌어 내는 데도 쓰입니다.

만약 ~라면(What If)?

카이스트에 재직 중인 배상민 교수는 제주도의 자연을 형상화한 생수병을 디자인하여 세계적인 상을 받았습니다. 그는 이처럼 국제적인 상을 자주 받는 것으로 창의성을 인정받습니다. 비결이 뭘까요?

'만약 ~라면(what if)?'

그는 자주 이렇게 묻고 답이 될 만한 생각을 글로 씁니다. 이렇게 쓴 노트가 30여 권이나 된다고 합니다. 배상민 교수를 빛나게 한 창의성의 비결은 이렇듯 글쓰기입니다. 학생들을 가르치면서 아이디어가 잘 떠오르지 않는다는 하소연을 들으면 '만약 ~라면(what if)?' 글쓰기를 권합니다.

그렇다면 우리 아이에게도 권해 볼까요? 오레오 공식을 활용하여 창의적인 생각을 끌어내도록 이렇게 지도해 보세요.

1단계 : 질문합니다.

2단계 : 질문에 대한 답을 오레오 공식으로 정리하게 합니다.

3단계 : 오레오 4줄을 보완하여 한 편의 글로 완성하게 합니다.

질문은 아이의 호기심을 자극할 만한 것으로 고릅니다.

'내가 유튜브 스타라면 무엇부터 할까?'

'만일 여름방학이 3개월이면 무엇이 좋을까?'

'용돈을 100만 원 받으면 뭘 할까?'

뭘 해야 하지(How Might We)?

미국 스탠퍼드 대학교에서는 창의적인 리더십을 가르칠 때 '뭘 해야 하지(How Might We)' 질문법을 활용합니다. 문제를 해결하기 위해 아이디어가 필요한 특정한 상황에 직면하면 이렇게 질문하라고 합니다.

'우리가 뭘 해야 하지(How Might We)?'

아이가 기발한 아이디어를 필요로 하면 질문하세요.

"네가 뭘 해야 할 것 같니?"

그리고 답하게 하세요, 오레오 공식으로. 그러면 아이의 창의성이 부쩍부쩍 늡니다.

감상문 쓰기라면 KFC 공식

책 읽고 독후감 쓰기와 놀러 다녀와 체험 학습 보고서 쓰기. 이 두 가지는 아이들이 몹시 싫어하는 활동 중 하나입니다. 그래서 책 읽기 싫다는 아이도 많습니다. 인터넷을 찾아보면, 체험 학습 활동지, 독서 감상문 활동지를 제공하는 곳이 많습니다. 하지만 자신의 경험을 직접 한 편의 글로 쓰게 권하세요. 그러면 아이의 정신에 유용한 자양분이 됩니다.

마음을 드러내고 감정을 표현하는 글쓰기는 공감을 유발하는 글쓰기 공식이 좋습니다. 공감형 글쓰기 공식인 'KFC 공식'을 소개합니다.

오레오 공식으로 쿠키를 연상시키듯, KFC 공식으로 치킨 브랜드를 떠올리게 하면 아이가 잘 기억합니다. 이 공식은 편지, 일기, 체험 학습, 감상문 등 아이가 학교에서 주로 하는 글쓰기를 더 쉽게 더 재밌게 하도록 돕습니다.

공감형 글쓰기 KFC 공식

Keypoint 체험 포인트 잡기
Feel 느낌과 생각 정리하기
Conclusion 의미 부여하기

Keypoint-체험 포인트 잡기

쓰고 싶은 내용을 정합니다. 체험 학습 전반에 관해서 쓰기보다 그중에서 특별히 기억나는 한 가지에 초점을 맞추게 해 주세요. 이때도 마중물을 부어 주세요. 그러면 아이가 생각을 더 잘 만들어 갑니다. 마중물로는 '이런 일이 있었다', '이런 곳을 다녀왔다', '이런 것을 했다' 같은 문구를 사용해 보세요.

Feel-느낌과 생각 정리하기

체험 과정을 떠올립니다. 체험 학습에서 경험한 것 중에 왜 이것에 대해 쓰기로 했는지 물어봐 주세요. 그러면 아이는 주제로 정한 것과 관련하여 더 많은 생각, 느낌을 떠올립니다. 마중물로는 '이런 생각이 들었다', '이런 느낌이 들었다' 같은 문구가 좋습니다.

Conclusion-의미 부여하기

의미와 가치를 부여합니다. 내용을 보충하여 글로 완성합니다. 앞의 두 단계에서 서술한 내용과 느낌을 정리하게 합니다. '이번 체험 학습을 통해 ~라는 것을 발견했다', '~임을 깨달았다', '~해야 함을 알게 되었다'는 문구로 정리하게 하면 깔끔하게 마무리됩니다.

온라인 수업도, 오레오

학교에서도 사교육에서도 온라인으로 공부하는 비중이 크게 늘었습니다. 온라인 수업 플랫폼에 출석하여 수업하거나 온라인 학습방에 글을 남기거나 하는 식으로 진행되는 만큼 선생님과의 소통이 매우 중요합니다. 특히 선생님의 글에 댓글을 달며 제때 반응해야 수업 효과가 좋습니다.

댓글을 달 때는 자신의 답변을 먼저 제시하고 왜 그렇게 생각하는지 이유를 말합니다. 그런 다음에 답변을 한 번 더 강조합니다. 오레오 공식을 그대로 활용하면 됩니다. 예를 들어, 새 학기를 3월에 시

작하는 것이 좋을지, 9월에 시작하는 것이 좋을지 선생님이 묻습니다. 이때,

'3월'

'9월'

이렇게 답하면 성의 없이 들립니다. 오레오 공식으로 제대로 답하게 합니다.

'저는 9월에 새 학기가 시작되면 좋겠습니다.'

왜 그렇게 생각하는지도 씁니다.

'왜냐하면 3월은 너무 춥기 때문입니다.'

사례를 들어 이유를 강조합니다.

'새 학기가 되면 노트에 쓸 게 많은데 3월은 추워서 글씨 쓰기가 어렵습니다.'

마지막으로 답변을 정리합니다.

'그래서 저는 9월에 새 학기가 시작하는 것이 좋다고 생각합니다.'

3월, 9월, 이렇게 단답형으로 댓글을 달고 마는 것보다 훨씬 성의 있어 보이지 않나요? 똑 부러지게 답할 줄 아는 우리 아이, 선생님이 매우 좋아하실 것 같지 않나요?

"일생에 한번은 글쓰기에 미쳐라"

하버드생처럼 에세이 쓰기

세계 최고의
'하버드 에세이' 도전하기

남다른 성과를 내는 사람의 비결을 연구한 심리학자 앤더슨 에릭슨 박사는 '신중하게 설계된 방법을 의식적으로 연습하는 것'이라는 결론에 도달했습니다.

'하버드생처럼 하루 10분 글쓰기'야말로 아이들의 사고 체계를 논리적으로 탄탄하게 만들어 주기 위해 신중하게 설계된 방법이자 의식적으로 연습하게 돕는 프로그램입니다. 그리하여 아이가 학교 공부를 잘하게 되고, 학습 능력을 기르고, 대입 시험에서도 목표한 성과를 내게 되지요.

에릭슨 박사는 여기에 반드시 성공하는 조건을 하나 더 추가합니다.

'좀 버거운 목표를 설정하고 도전한다.'

그렇다면 우리도 좀 버거운 목표를 설정하고 도전해 보면 어떨까요? 오레오 글쓰기 연습법으로 다진 탄탄한 사고 체력을 토대로 본격적인 글쓰기 훈련을 해 보는 겁니다. 하버드 대학생처럼 세계 최고 수준의 글을 쓰도록 독려하면 어떨까요?

논설문? 에세이?

하버드생은 1~2학년 때 에세이 쓰기를 집중적으로 배우고 4년 내내 에세이 쓰기를 중심으로 수업에 참여합니다.

에세이는 자신의 생각과 의견을 일리 있고 조리 있게 전달하는 글쓰기 양식, 즉 생각을 담아내는 그릇입니다. 자기소개서도 에세이, 블로그도 에세이, 페이스북도 에세이라는 그릇에 담아내면 잘 먹힙니다. 유튜브까지도 에세이를 말로 옮긴 것이라 할 수 있습니다. 한 권의 책도 평균 40~50편의 에세이로 구성됩니다.

요컨대 잘 읽히는 에세이를 쓸 수 있다면, 무슨 글이든 잘 쓰는 '슈

퍼 글잘러'가 될 수 있습니다.

에세이는 우리 아이들이 학교에서 배우는 논설문과 같은 양식입니다. 자기의 의견을 설득력 있게 전달하기 위해 타당한 근거를 뒷받침하여 쓰는 글이 논설문이라고 배운 아이는 에세이가 어떤 글인지 바로 이해할 겁니다. 이제 하버드가 자랑하는 최고 수준의 글쓰기, 그 에세이 쓰기에 도전하자고 아이를 꾀어 보세요.

중1 자유학년제, 글쓰기에 투자하라

하버드식 에세이 쓰기 도전은 오레오 공식을 활용한 3단계 연습인 '하버드생처럼 하루 10분 글쓰기'로 논리적으로 생각하는 것이 몸에 밴 다음이라야 효과를 볼 수 있습니다. 연습 기간을 감안하면, 시기적으로는 초등 6학년이나 중학교 1학년 전후가 될 테지요. 이 맘때쯤이면 제법 긴 글을 쓸 만큼 운필력도 발달하여 600자 내외의 글을 쓸 수 있게 됩니다.

따라서 하버드식 에세이 쓰기는 중학교 1학년 자유학년제 시기에 시도하면 아주 좋을 듯합니다. 자유학년제 동안에는 시험을 보지 않아 아이가 공부에 뒤처질까봐 아이도 부모님도 걱정을 많이 합니다. 이런 때야말로 공부에 필요한 논리적 사고력을 길러 주기 위한

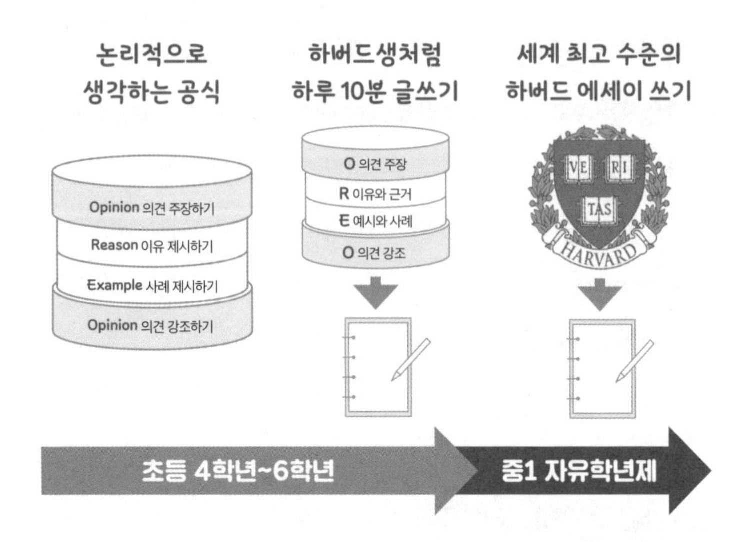

최고의 시기입니다. 하버드식 에세이를 매일 쓰게 함으로써 아이들이 더 잘 생각하고, 더 잘 이해하고, 더 잘 표현하는 능력을 갖는다면, 그 어떤 시도보다 가치 있는 1년을 만들어 줄 것입니다.

대입 시험 제도가 자주 바뀌는 바람에 글쓰기 공부에 대한 필요성도 상황에 따라 들쭉날쭉 합니다. 하지만 수능 시험은 국어 실력이 좌우하는 선진형으로 출제되기 때문에 독해력, 사고력, 표현력이 더욱 중요해지고 있습니다. 따라서 정시와 수시 비중을 따져 가며 학교 공부나 사교육에 글쓰기를 뺐다 넣었다 하는 것에 휘둘려서는 수능 시험을 잘 볼 수 없습니다. 오히려 자유학년제 1년 동안 논리적 사고력, 표현력을 키우는 에세이 쓰기 연습을 하게 하면 아이의 경쟁력이 한층 높아집니다.

글쓰기 연습 1년이 평생을 바꾼다

세계의 명문 대학들이 재학생들의 읽고 쓰기 능력 개발에 심혈을 쏟지만 교양 대학으로 유명한 세인트 존스는 4년 전 학년의 커리큘럼이 생각하기 중심으로 짜여 있습니다. 4년 정도의 시간을 들여야 '잘 생각하는 사람'으로 아예 그 형질이 바뀔 수 있다는 믿음에서지요. 우리도 아이에게 글을 쓰며 사는 1년을 선물하면 좋겠습니다. 글을 쓰면서 그 시간 그 환경에 흠씬 젖어들게 하는 것입니다.

아이가 글쓰기 계획을 세우고, 자료를 찾고, 쓸거리를 조직하고, 서술하고, 고치며, 완성도를 높여 가는 작업을 반복하면, 1년 후 아이 스스로도 놀랄 만큼 잘 읽고 잘 생각하고 잘 쓰는 능력을 갖게 될 것입니다. 무엇을 하든 제 머리로 생각하고 설득하여 원하는 것을 얻는 유능한 아이가 되어 있을 것입니다. 이 1년의 가치는 어른이 된 다음에는 10년을 투자해도 얻지 못하는 고귀한 것이라고 감히 장담합니다.

하버드 에세이를 쓸 줄 알면

"제가 아는 프로그래밍 지식을 사용해서 통계학적으로 유의미한 결과를 도출해 내고 예측 모델을 만드는 것이 다가 아니었습니다. 분석한 결과를 문제 정의부터 최종 결론까지 논리적으로 기록하고 설득력 있게 전달하고 설명해 내는 능력이 코딩 능력 못지않게 중요하다는 것을 알게 되었습니다."

미국 명문 대학에서 컴퓨터공학을 공부하는 한 학생이 글쓰기 수업을 신청하며 들려 준 이야기입니다. 코딩 능력을 인정받으려면 글을 잘 써야 한다는 학생의 통찰이 놀랍습니다.

이렇듯 요즘엔 이공계 직업군에서 다투어 글쓰기 수업을 듣고 강의에 참여합니다. 공과대학으로 유명한 MIT에서도 글쓰기를 필수 과목으로 가르칩니다. 그들도 하버드식 에세이 쓰기를 배웁니다. 하버드식 에세이란 핵심을 빠르게 전달하여 원하는 것을 얻어 내는 글쓰기 방식을 말합니다.

미국 대학들은 학생을 선발할 때 에세이를 주의 깊게 살핍니다. 에세이는 지원자의 마인드, 관점, 사고 능력, 글쓰기 능력을 검증하고 지원자의 장점이나 인성까지도 파악할 수 있기 때문입니다. 에세이는 나의 성품, 삶의 목표, 열정, 재능, 철학 등을 총체적으로 잘 드러내야 하며, 일리 있고 조리 있게 표현해야 잘 읽힙니다. 그래야 입학사정관 마음을 움직여 높은 점수를 받습니다. 심지어 분량을 정해 놓고 엄격하게 평가합니다. 주제에 맞춰 내용을 짜임새 있게 구성할 줄 알아야 분량을 맞출 수 있습니다. 에세이 한 편으로 이렇게 많은 것들을 평가하고 점검할 수 있습니다.

에세이 쓰기로 다지는 삶의 경쟁력

앞에서도 소개했지만, 아이들에게 코딩을 가르치는 분은 스크래치에 대해 들어 봤을 것입니다. 스크래치는 MIT 미디어 연구소에서 개발한 교육용 코딩 프로그램으로 아이들이 쉽게 코딩을 하도록 돕는 소프트웨어지요. 퍼즐을 끼워 맞추듯 블록을 조립하다 보면 의도한 프로그램이 완성되는 식이라 아이들이 코딩을 쉽게 배우고 좋아합니다.

스크래치를 개발하고 보급하여 코딩의 아버지로 불리는 미첼 레스닉 교수는 아이들이 배워야 할 것은 코딩 기술이 아니라, 코딩 기술을 통해 자신의 아이디어를 창의적으로 표현하여 문제를 해결하는 방법이나 과정이라고 주의를 줍니다. 코딩 기술 자체보다 더 중요한 것은 코딩을 하면서 창의적으로 사고하는 방법을 몸에 익히는 것이라고 힘주어 말합니다. 저는 이 말에 참으로 공감합니다.

우리 아이가 오레오 공식을 구구단처럼 외며 논리적으로 생각하고 글을 쓰는 기초를 다졌다면, 이제 그것을 활용하여 원하는 것을 얻어 낼 수 있어야 합니다. 아이들은 논리적 사고와 글쓰기 기술 그 자체가 아니라 그것으로 성과를 내는 방법을 배워야 합니다. 글쓰기 기술로 무엇을 할 수 있는지를 경험하면, 아이는 더 잘 쓰고 싶어 스스로 노력합니다.

우리 아이가 하버드급 에세이를 쓸 수 있다면, 무슨 일을 하든 그 일에 대해 자기 머리로 생각하고 자기 목소리로 매혹적으로 표현하고 설득력 있게 전달할 줄 아는 능력을 지니게 됩니다. 매력적인 어른으로 자라서 그 매력을 영향력으로 발휘하며 살 수 있습니다.

"스크래치를 사용해서 무언가를 만들어 내는 능력, 자신을 표현하는 능력에 대한 자부심과 자신감을 쌓으면서 점차 자신을 창의적인 사람으로 바라보기 시작한다."

미첼 레스닉 교수가 말한 것처럼 저도 이렇게 자신 있게 말합니다.

"논리적 글쓰기를 사용해서 에세이를 써낼 줄 알게 되면 아이는 자신의 생각을 일리 있고 조리 있게 표현하는 능력에 대한 자부심과 자신감을 쌓으면서 점차 자신을 창의적인 사람으로 보기 시작할 것이다."

이만한 능력과 자부심과 자신감이라면 우리 아이, 제 힘으로 제가 원하는 삶을 살아가는 데 부족함이 없을 것입니다.

햄버거처럼
하버드 에세이 쓰기 5단계

주제를 정하고, 오레오 공식으로 쓸거리를 만들고, 이를 짧은 1문단의 에세이로 풀어 쓰는 오레오 글쓰기 연습을 한 아이라면, 하버드급 에세이 쓰기도 어렵지 않게 할 수 있습니다.

어떻게 하면 되는지 이미 알고 있습니다. 우선 쓸거리를 만든 다음, 각각의 줄을 하나의 단락으로 확장해 4개의 단락으로 만들고, 각 단락을 하나로 연결하면 에세이 초안이 완성됩니다. 이렇게 만들어진 초안을 고쳐 쓰고 다듬다 보면 드디어 독자와 공유할 만한 에세이가 탄생합니다.

하버드 에세이 쓰기 5단계

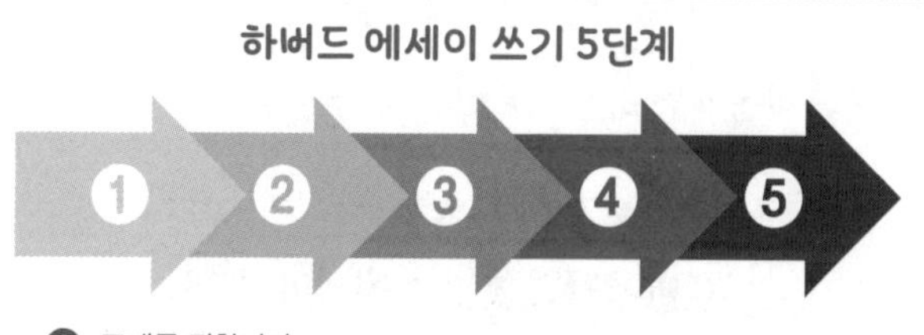

❶ 주제를 정합니다.
❷ 오레오 공식으로 쓸거리를 만듭니다.
❸ 'O-R-E-O' 각 줄을 각각의 단락으로 만듭니다.
❹ 단락을 연결하여 에세이로 만듭니다.
❺ 에세이를 다듬어 완성하고 공유합니다.

오레오 4줄 공식으로 하버드 에세이 쓰기

하버드 대학교가 가르치는 에세이 쓰기는 의견을 드러내고 주장하고 설득하는 글쓰기입니다. 미국의 학교나 집에서는 아이들이 에세이를 쉽게 쓰도록 '햄버거처럼 쓰면 된다'며 도와줍니다. 우리 아이들에게도 이렇게 설명하면 좋겠습니다.

햄버거가 '빵+패티+채소+빵'으로 구성되듯, 햄버거 에세이는 맨 위 빵에 해당하는 도입부, 맨 아래 빵에 해당하는 결론, 그리고 그 사이의 핵심 재료인 고기 패티에 해당하는 주제 문장, 곁들인 재료인 채소에 해당하는 이유와 근거로 구성됩니다.

다음 그림을 보면 바로 이해됩니다. 그런데 한번 보세요. 빵 사이에 오레오 공식을 넣은 것처럼 보이지 않나요? 우리 아이들도 이제 햄버거처럼 맛있게 하버드 에세이를 쓸 수 있습니다.

햄버거처럼 맛있는 에세이 쓰기

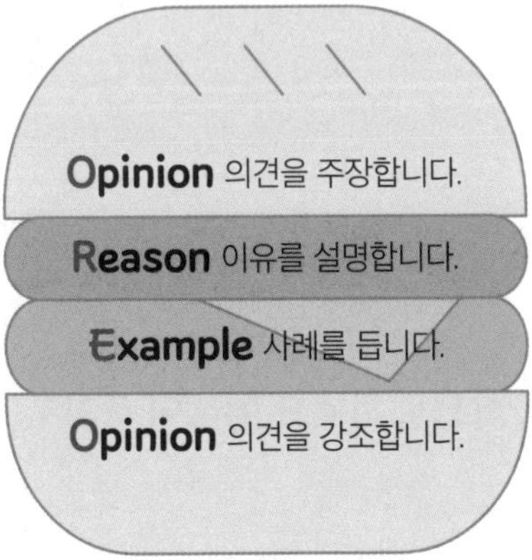

Opinion 의견을 주장합니다.

Reason 이유를 설명합니다.

Example 사례를 듭니다.

Opinion 의견을 강조합니다.

에세이를 잘 쓰려면 3가지 규칙을 지켜라

'좀 버겁지만 매력적인 목표'인 하버드 에세이 쓰기에 도전할 때, 아이에게 다음 3가지 규칙을 일러 주세요. 이 3가지는 하버드 대학교가 학생들에게 에세이 쓰기를 가르칠 때도 적용합니다.

첫째, 매일 씁니다.

하버드생들은 수업을 준비하면서든 숙제를 하면서든 거의 매일 에세이를 씁니다. 그러니 에세이 실력이 늘 수밖에 없습니다. 우리 아이도 매일 쓰게 해 주세요. 매일 쓰기를 권유하면서 하루 중 언제가 에세이 쓰기에 좋을지를 아이가 정하게 합니다. 1문단 쓰기에 비해 에세이 쓰기는 시간이 상당히 요구됩니다. 아이에게 일단 에세이를 쓰게 하여 소요 시간을 재 본 다음 그 시간만큼 매일 쓸 수 있는 때를 확보하게 합니다.

매일 에세이 쓰기를 연습하게 하려면 에세이 쓰기가 또 하나의 공부로 추가되는 부담을 주어서는 안 됩니다. 아이는 이미 학교 다니랴, 방과 후 수업 들으랴, 사교육 받으랴 충분히 바쁠 테니 그중 하나를 줄여 에세이 쓰기를 하게 하는 것이 좋습니다.

둘째, 하나의 주제를 정해 씁니다.

누구든 관심을 갖고 생각하는 것에 대해 쓰면 더 잘 씁니다. 아이도 제가 좋아하는 주제로 쓰게 하세요. 그러면 아이는 신이 나서 더 많이 생각하고 더 잘 쓰려 합니다. 주제에 대한 열정도 깊어집니다. 아이가 어떤 주제로 에세이를 쓰는지 관심 갖고 살피면 아이의 성향이나 취향을 발견할 수도 있습니다. 아이가 진로를 계획할 때 큰 도움이 됩니다.

셋째, 리뷰를 받습니다.

완성한 에세이는 독자(아이의 친구나 지인)에게 보여 리뷰를 듣게 합니다. 그래야 자신이 쓴 에세이를 독자가 어떻게 읽는지를 알아차리고 독자를 감안한 에세이 쓰기에 눈을 뜹니다. 아이의 친구들로 구성된 글쓰기 모임을 만들어 주기적으로 서로의 글을 리뷰하는 기회를 가지면 좋습니다.

소셜 미디어에 포스팅하기

'하나의 주제에 대해', '매일 에세이를 쓰고', '쓴 글을 공유하여 리뷰 받기'라는 에세이 쓰기 규칙 3가지를 잘하게 하는 비법이 있습니다. 에세이를 소셜 미디어에 포스팅하는 것입니다. 청중 효과라는 말도 있듯이 누군가 보고 있으면 더 잘 쓰고 싶기 마련입니다. 누군가 읽고 호응해 주면 계속 쓰고 싶어집니다.

특히 소셜 미디어와 같이 오픈된 공간에 글을 쓰면 다양한 독자와 소통하게 되고, 그러면 글 쓰는 재미를 빨리 터득합니다. 만나 본 적도 없는 또래 아이가 댓글을 쓰면 아이는 자신의 글이 누군가에게 읽혔다는 생각에 더 잘 쓰고 싶어 할 것입니다. 소셜 미디어에서 에세이를 공유하다 보면 자신의 생각과 다른 반응도 접하게 되고, 그로 인해 어떤 주제에 대해 생각과 의견이 다양하게 나올 수 있음을 알게 되어 비판적 사고가 길러집니다.

뉴질랜드의 리터러시 전문가 도러시 버트는 아이들이 쓰기를 재미있게 배우도록 유도하기 위해 에세이 숙제를 공용 블로그에 올리도록 했습니다. 아이들이 포스팅한 에세이는 선생님, 친구, 부모님 등 누구든 읽고 댓글을 달도록 했지요. 외국에서도 읽을 수 있고요. 블로그에 에세이 올리기에 흥미를 보이지 않던 아이들이 댓글이 달리기 시작하자 180도 달라졌다고 합니다. 독자를 의식하게 되고 더 잘 쓰고 싶은 욕구가 생기자, 아이들은 더 많이 읽고 문법에도 관심을 가져 여러 번 고쳐 쓰는 등 글쓰기에 임하는 자세가 매우 신중해졌다고 합니다. 블로그에 올린 에세이를 보며 아이끼리 리뷰를 해주기도 하면서 아이들의 쓰기 실력이 부쩍 좋아졌고 덩달아 성적도 좋아졌다고 이야기합니다.

아이들이 소셜 미디어에 자신의 생각을 펼칠 수 있도록 도와주세요. 에세이를 포스팅하면서 소셜 미디어의 잠재력에 눈뜨게 도와주세요. 아이들이 글 한 편으로 다른 이에게 영향을 미칠 수 있음을 실감하게 해 주세요. 아이들이 에세이를 포스팅하다 보면 내 글이 공개되는 것에 대한 부담도 없앨 수 있습니다. 또 소셜 미디어에 글로 표현한 생각에 대해 독자와 의견을 주고받으며 생산적인 대화를 가능하게 하는 온라인 소통의 장점과 예절도 배우게 됩니다.

글은 쓰는 것이 아니라 고쳐 쓰는 것이다

하버드생은 1학기 이상 의무적으로 수강해야 하는 글쓰기 수업에서 직접 글을 쓰고 쓴 글을 고쳐 쓰면서 완성도를 높여 가는 방식으로 글쓰기를 배웁니다. 교내에 설치된 글쓰기센터에 근무하는 전문가들이 학생들이 써 온 글을 피드백하고 고쳐 쓰기를 도와줍니다. '쓰고-피드백 받고-고쳐 쓰기' 과정을 여러 차례 반복하는 과정에서 학생들은 글로 쓰려 한 주제에 대해 더욱 깊이 있게 생각합니다. 이런 과정을 거치면서 학생들은 글은 쓰기보다 고쳐 쓰기가 훨씬 중요함을 몸소 배웁니다.

쓰고 피드백 받고 고쳐 쓰고… 이런 과정이 글쓰기를 배우는 학생에게 중요한 것은 글 쓰는 일에 관한 멘탈을 강화시켜 주기 때문입니다. 이 과정을 자연스럽게 받아들이면 어떤 글도 잘못 쓴 것은 없으며 어떤 잘못 쓴 글도 고쳐 쓰기를 통하면 얼마든지 멋진 글로 바뀐다고 믿기에 글쓰기를 겁내지 않게 됩니다.

고쳐 쓰며 완성하는 하버드 에세이

우리 아이들도 글쓰기의 핵심은 고쳐 쓰기라는 사실을 알게 해야 합니다. 글쓰기는 고쳐 쓰면서 완성하는 것이기에 처음부터 겁낼 게 없다고 알려 주어야 합니다. 이러한 글쓰기 멘탈을 일찌감치 장착하면 우리 아이는 글쓰기에 발목 잡히는 일이 없습니다. 반면, 고쳐 쓰기라는 놀라운 마법을 경험하지 못한 아이들은 글쓰기가 갈수록 버겁고 두렵습니다. 글쓰기를 겁내고 싫어하는 어른으로 자라게 됩니다.

30점짜리를 100점짜리로 고치는 3단계 규칙

저는 글쓰기가 참 즐겁습니다. 왜냐하면 처음에 쓴 이상한 표현이나 엉망인 생각도 하나하나 고쳐 쓰면 말쑥해지거든요. 그래서 저는 강조합니다. 세상에 못 쓴 글은 없다고요. 다만 고쳐 쓰기 전의 글만 있을 뿐이라고요. 유능한 프로그래머들은 프로그래밍이 프로그램을 작성하는 일이라기보다 오히려 프로그램을 고치는 일이라고 말합니다. 글을 잘 쓰는 사람들도 한결같이 말합니다.

"글은 쓰는 것이 아니라 고쳐 쓰는 것이다."

정말이지, 글쓰기의 가장 큰 매력은 고쳐 쓰기에 있습니다. 아이에게 모든 글은 고쳐 쓴 글이라는 경험을 하게 해 주세요. 글쓰기에 대한 부담을 없애 주는 데 특효입니다.

일본의 정신의학과 의사이자 베스트셀러 작가인 가바사와 시온은 30점 받기를 목표로 글을 쓰라고 권합니다. 처음 쓴 글은 30점만 받고, 그 30점짜리 글을 한 번 고쳐 쓰면 50점, 그 다음 고쳐 쓰면 70점, 마지막으로 고쳐 쓰면 90점을 받는 식으로 하면 부담감을 갖지 않고 글을 잘 쓰게 된다고 비법을 알려 줍니다.

아이가 30점짜리 글을 쓰게 하세요. 그리고 그 글을 100점짜리가 될 때까지 고쳐 쓰는 방법도 알려 주세요. 고쳐 쓰는 데는 3단계 규칙을 사용하세요.

첫째, 소리 내어 읽습니다.

처음부터 끝까지 소리 내어 읽게 하세요. 그런 다음 글이 생각한 대로 쓰였는지 물어보세요. 한 줄 한 줄 소리 내어 읽으면 어색하고 이상한 표현이 다 걸러집니다. 글을 읽을 때 혀가 꼬이거나 자주 막히거나 하는 부분에 표시를 해 두었다가 이 부분을 집중적으로 들여다보게 하세요. 생각의 전개나 문장 쓰기에 문제가 있는 부분들입니다.

둘째, 시간을 두고 읽습니다.

국물이 뜨거울 때 간을 보기 어렵습니다. 글쓰기도 마찬가집니다. 글을 쓰고 바로 고쳐 쓰려고 하면 내용이 기억에 남아 있기 때문에 쓰인 대로 글을 읽기가 불가능합니다. 내용을 잊어버릴 만큼 시간을 둔 다음 고쳐 쓰게 조언하세요.

셋째, 분량 줄이는 연습을 합니다.

쓰다 보면 아이들의 생각이 한도 끝도 없이 늘어납니다. 미리 정해 놓은 분량을 맞추게 하는 것만으로도 고쳐 쓰기 효과는 충분합니다. 분량을 맞추려면 내용을 줄이거나 바꿔야 하고, 이를 위해서는 자신이 쓴 글을 여러 차례 읽어야 합니다. 읽고 또 읽고 하다 보면 어색하거나 잘못된 부분을 발견하게 되고, 그러면 알아서 고칩니다. 다른 표현은 없을까 궁리도 합니다. 이러는 과정 자체가 글을 더 잘 쓰게 합니다.

스마트폰도 사용하다 보면 불편함이 발견되고, 그러면 제조사에서 해당 부분에 대한 업데이트 서비스를 합니다. 글쓰기도 똑같습니다. 일단 쓰고 쓴 것을 읽으며 고쳐 쓰면 됩니다. 아이가 써 놓은 글이 이상한가요? 괜찮습니다. 고쳐 쓰면 됩니다. 아이가 써 놓은 글이 우습나요? 괜찮습니다. 고쳐 쓰게 하세요.

글쓰기가 레고가 되는 즐거움

하버드 대학교가 글 잘 쓰는 학생을 만들기 위해 공을 들이는 것이 하나 더 있습니다. 글쓰기에 들이는 시간보다 더 많은 시간을 읽기에 할애하도록 합니다.

논리정연한 에세이 쓰기에서 중요한 것은 주장하려는 의견을 뒷받침해 주는 유용한 자료를 확보하는 것입니다. 배경 지식이 담긴 자료를 충분히 읽고 읽은 내용을 자신의 생각으로 정리하여 글을 써야 합니다. 이를 위해 하버드의 글쓰기 수업에서는 하나의 주제에 대한 여러 가지 자료를 읽게끔 합니다. 그런 다음 자료 읽기에서 이해한 것을 논리적으로 연결하고 인용하여 글을 쓰게 합니다.

하버드 대학교를 나오지 않아도 글을 잘 쓰는 사람들은 다 이렇게 씁니다. 잘 쓰기 위해 많이 읽고, 읽은 것을 이해하고 정리하기를 마다하지 않습니다.

쓰기 기술을 배우는 데도 읽기는 특효입니다. 쓰기 기술은 일일이 배울 수 없습니다. 잘 쓴 글을 읽으며 배웁니다. 잘 쓴 글을 많이 읽으면 글을 쓸 때 필요한 언어 표현, 아이디어, 짜임새 있는 구성 등을 저절로 배웁니다. 잘 쓰는 사람은 반드시 잘 읽는 사람입니다.

"책을 읽는 사람은 작가의 나라에 입국하는 서류와 증명서를 갖추는 셈이다."

미국 소설가 스티븐 킹의 말입니다. 스티븐 킹뿐만 아니라 모든 글 잘 쓰는 사람들은 잘 쓰려면 우선 잘 읽어야 한다고 입을 모읍니다. 많은 책을 읽으면 이미 남들이 써먹은 것은 무엇이고, 진부한 것은 무엇이고, 새로운 것은 무엇인지 알게 됩니다. 책을 많이 읽으면 읽을수록 남이 쓴 것을 재탕 삼탕 하는 바보짓을 할 가능성도 줄어듭니다.

쓰기는 읽기다

이렇듯 쓰기 능력은 읽기 능력에 달렸습니다만, 갈수록 읽기를 소홀히 하고 읽기보다는 스마트폰으로 훑어보는 것이 대세가 되었습니다. 아이들의 읽기 능력은 점점 떨어지고 쓰기 능력도 덩달아 부실해집니다. 실제로 제가 진행하는 글쓰기 수업에서 목격하기로도 글쓰기를 가로막는 가장 큰 장애가 바로 독해력 부족입니다.

우리 아이들이 하버드생처럼 잘 쓰기 위해서는 잘 읽는 노력부터 해야 합니다. 독해력은 노력한다고 하루아침에 좋아지지 않지만, 한 편의 글을 읽더라도 주의 깊게 공들여 읽다 보면 잘 읽는 습관을 들이게 됩니다.

저는 베껴 쓰기라는 방법으로 읽기 능력을 개발하도록 권합니다. 베껴 쓰기는 제대로 쓴 글을 그대로 옮겨 쓰면서 주의 깊게 읽는 방식을 말합니다. 손으로 일일이 옮겨 쓰다 보면 눈으로 읽을 때보다 집중이 훨씬 잘 되고 이해력도 높아집니다.

글쓰기에 필요한 지식과 기술들, 즉 생각을 어떻게 전개했는지, 단락을 어떻게 구성했는지, 어떤 문장과 단어로 메시지를 표현했는지 같은 글쓰기 기술을 배우는 데 베껴 쓰기가 탁월합니다. 잘 쓴 글을 옮겨 쓰다 보면 어휘력도 맞춤법도 좋아집니다.

베껴 쓰기 연습법에서 핵심은 제대로 잘 쓴 글을 고르는 것입니다. 저는 신문 칼럼을 베껴 쓰라고 권하는데요, 아이들에게도 어린이 신문에서 흥미로운 내용을 골라 베껴 쓰기를 하도록 권해 보세요. 정중하고 품격 있는 글을 알아보는 안목도 길러집니다.

글감 모으기와 조립하기

유명한 셰프에게 비결을 물으면 이렇게 말합니다.

"요리는 재료가 전부다."

글쓰기도 그렇습니다. 내 생각을 실어 나를 근사한 자료를 활용하면 하버드 에세이처럼 수준 높은 글을 쓸 수 있습니다. 글쓰기에 생각과 단어와 문장 말고도 다양한 자료가 필요한 것은 머릿속에 있는 생각이 주관적이고 추상적이라 이 생각이 독자에게 제대로 전달되게 하려면 객관화하고 구체적으로 표현해야 하기 때문입니다. 바로 이 단계에서 다양한 자료들이 필요합니다.

우리 아이들이 배우기로는 주장하는 글을 쓸 때 근거로 제시하는 '배경 지식'이 바로 자료입니다. 교과서나 참고서를 보면, 배경 지식을 모으기 위해서는 독서를 많이 해야 한다고 합니다. 그런데 책을 읽는 것만으로는 쓸 만한 자료, 즉 배경 지식을 모을 수 없습니다. 책 내용을 일일이 암기할 수는 없으니까요.

김장을 맛있게 담그는 사람들이 제철 재료를 구해 쟁여 놓듯, 글을 잘 쓰는 사람도 평소 쓸 만한 글 재료를 접하면 차곡차곡 정리해 둡니다. 책을 읽다가 도움이 될 만한 내용을 만나면 다듬고 정리하여 따로 보관해 두어야 합니다. 그래야 필요할 때 사용할 수 있습니다.

글 재료는 이렇게 모읍니다.

1. 책을 읽을 때 자료로 쓸 만한 내용을 발견하면 표시한다.
2. 책을 다 읽은 후 표시한 내용을 노트에 따로 정리한다.
3. 한 번에 하나씩, 제목과 설명 단위로 정리한다.

이렇게 모은 하나하나의 재료는 레고 브릭과 같습니다. 레고 조립을 좋아하는 아이는 브릭을 욕심내지요. 브릭이 많으면 많을수록 아이가 상상하는 대로 레고 작품을 척척 잘 만드는 것처럼 글 재료를 많이 모아 둘수록 아이의 글쓰기가 수월하고 재밌어집니다.

엄마는 빨간펜 선생님이 아니다

글쓰기 코치로 일하다 보면 아이들이 글을 잘 쓰게 하고 싶은데 어떻게 해야 되느냐는 질문을 자주 받습니다. 저는 이렇게 답하곤 합니다.

"아이들이 매일 글을 쓰게 하세요. 집에서 엄마가 도와주세요."

그러면 엄마들은 불에 덴 듯 화들짝 놀랍니다.

"아휴, 나 글 못 써요."

저는 또 이렇게 말합니다.

"엄마가 못 써도 괜찮아요. 엄마가 조금 거들면 아이는 잘 쓸 수 있어요."

괜히 하는 말이 아닙니다. 하버드 키즈가 되도록 돕는 프로젝트에서 엄마의 역할은 첨삭을 전문으로 하는 빨간펜 선생님이 아니랍니다. 아이가 매일 글을 쓰게끔 엄마는 거들기만 하면 됩니다. '잘 썼다, 못 썼다'는 할 수 없어도, '오늘도 썼네? 이런 생각 했어? 이런 일이 있었구나?' 하는 대꾸는 해 줄 수 있지 않나요?

단언컨대, 이 정도만 하면 충분합니다. 엄마가 아니더라도 아이는 학교에서 학원에서 글쓰기에 대해 많이 배우고 쓰고, 또 평가받을 것이거든요. 아이가 글쓰기에 대해 배우는 것은 그런 기회에 맡기고, 엄마는 아이가 쓴 글의 첫 독자이자 세상에 둘도 없는 열렬한 독자이기만 하면 됩니다. 아이가 쓴 내용에 대해 이해하고 물어봐주고, 더러 엄마의 생각을 전하기도 하는 페이스메이커 정도면 충분합니다.

이렇게는 하지 마세요

첫째, 혼내지 마세요.

아이가 쓴 에세이를 평가하지 마세요. 글은 고쳐 쓰면 쓸수록 좋아지니까요. 아이가 써 놓은 글이 마음에 들지 않는다고 혼내지 마세요. 아직 고쳐 쓰기 전이니까요. 오히려 고쳐 쓰면서 글은 잘 쓰게 되는 것이라고 말해 주세요. '하버드생처럼 에세이 쓰기'에 도전하는 초등생, 중학생이 얼마나 되겠느냐며 아이를 독려해 주세요.

둘째, 가르치지 마세요.

글쓰기 기술 몇 가지를 배운다고 글쓰기 실력이 좋아지지 않습니다. 그저 쓰게 하세요. 오레오 공식을 사용하여 논리적으로 생각할 줄 알게 되었으니 에세이를 매일 쓰면서 필요한 기술을 저절로 배워 갑니다.

셋째, 첨삭하지 마세요.

아이의 글을 직접 고쳐 쓰는 것으로 도와주지 마세요. 그보다는 생각을 더 잘 끌어내고 정리하고 표현하도록 도와주세요. 이 과정에서 설령 아이가 좀 서툴어도 아이와 좀 더 이야기하면서 아이의 생각하기를 도와주세요. 좀 이상한 표현이 나오면 왜 그렇게 생각하는지 물어보세요. 물어보면 아이는 더 많이 생각합니다. 아직 초등학생이라 표현이 생각을 따라가지 못하는 부분도 있으니까요.

평가하지 말고 도와주세요

다양한 경험을 많이 하고 글을 많이 읽고 접한 어른의 눈에 아이가 쓴 표현은 서툴고 거칠어 보입니다. 단어 하나 부호 하나 바꾸고 바로잡아 주고 싶은 마음이 굴뚝같을 겁니다. 하지만 손대지 마세요. 아이가 쓴 문장은 아이의 생각입니다. 아이의 생각이 아이의 것이듯 문장도 아이의 것입니다.

엄마가 좋아하는 표현이 따로 있다는 것을 알면 아이는 제 생각을 제 언어로 표현하기보다 어른들이 쓰는 표현을 흉내 내려 듭니다. 그러다 보면 말뜻도 잘 모르면서 따라 하게 됩니다. 아이가 쓴 글을 어른인 엄마가 자꾸 고쳐 주다 보면 생각은 아직 아이인데 표현은 어른인 '애어른 글쓰기'라는 나쁜 습관이 듭니다.

엄마가 해야 할 일은 남의 생각, 남의 글을 제 것인 양 쓰지 않도록 도와주는 것입니다. 눈치 빠르고 암기력 좋은 아이들은 교과서나 인터넷, 책에서 본 내용을 외웠다가 그대로 사용하기도 하는데요, 이런 습관이 들면 제 생각인지 남의 생각인지 구별조차 못 하게 됩니다. 이런 식으로 남의 것을 가져다 쓰는 것에 익숙해지면 혼자서는 자신의 생각을 몇 마디도 표현할 줄 모르게 됩니다. 아이가 써 놓은 글을 보고 평소 아이의 표현이 아니다 싶은 구절이 있으면 누구의 생각인지 물어보세요. 남의 생각이면 출처를 표현하게 도와주세요.

아직 10대 초중반인 아이의 표현이 좋으면 얼마나 좋겠어요? 그런데 쓰면 쓸수록 그 서툴던 표현이 점점 좋아집니다. 아이들은 스스로 잘 배우니까요. 날이 갈수록 좋아지는 아이의 표현에 감동할 일만 남았습니다.

말버릇으로 생각 버릇을 바로잡아 주세요

평소 아이의 말버릇을 바로잡아 주면 문장도 잘 씁니다. 완전한 문장으로 말하게 하고 말끝을 흐리지 않고 끝까지 말하도록 가르치세요. 아이가 단어만 말하고 말거나 문장을 완성하지 않으면 "그건 이렇다는 거지?" 하고 완성된 문장으로 표현해 주세요. 그러면 아이는 따라 하기로 배웁니다.

아울러 논리적 사고력을 돕는 주요 단어들을 입버릇처럼 사용하게 해 주세요. 예를 들어 '결론은요', '왜냐하면', '이유는요', '근거는요' 하는 단어들입니다. 이런 단어를 사용하여 말하면 논리적으로 생각하고 표현하기가 일상이 됩니다.

하버드 키즈에게는 칭찬보다 피드백

소설가 베르나르 베르베르가 쓴 첫 글은 〈어느 벼룩의 추억〉이라는 에세이입니다. 국어 선생님은 베르나르의 에세이에 보통 정도의 점수를 주었습니다.

"네가 쓴 에세이를 보고 왜 웃었는지 아니? 순수한 독서의 즐거움을 느꼈기 때문이야. 너의 에세이를 여러 번 다시 읽고 주변 사람들에게도 읽어 주었어. 하지만 맞춤법이 다섯 군데나 틀렸기 때문에 안타깝게도 이 부분에서는 점수를 깎을 수밖에 없었단다. 베르나르, 맞춤법에 좀 더 신경을 쓰면 점수를 더 잘 받을 수 있을 거야."

개성 넘치는 글이라는 칭찬과 함께 어떤 부분에 대해 주의해야 하는지 피드백도 아끼지 않았습니다. 이런 피드백을 받아야 글을 잘 쓰게 됩니다. 그저 잘했다는 식의 칭찬만으로는 부족합니다.

베르나르 베르베르처럼, 하버드생처럼 우리 아이도 자신이 쓴 글에 멋진 피드백을 받으면 좋겠습니다. 그 멋진 피드백을 엄마가 하면 좋겠다는 바람을 담아 아이들이 글을 더 잘 쓰고 싶게 만드는 피드백 비법을 알려 드립니다.

'좋은 점 말하기-궁금한 것 질문하기-긍정적 제안하기' 3단계로 피드백해 주세요. 이 정도만으로도 어떤 전문가보다 훌륭한 피드백을 할 수 있습니다.

첫째, 좋은 점을 말해 주세요.

"이런 생각을 했다니, 참 좋다. 이런 표현이 너무 좋다"고 말해 주세요. "잘했다"는 평가가 아니라 어떤 점이 왜 좋았는지를 표현하는 것입니다.

둘째, 궁금한 것을 질문해 주세요.

아이의 글을 읽으며 가졌던 궁금증을 질문하세요. 그러면 아이는 자신의 글에 어떤 미흡한 점이 있음을 스스로 발견합니다.

셋째, 긍정적으로 제안해 주세요.

“이렇게 하면 훨씬 좋겠다. 이런 건 어때?” 하고 제안해 주세요. “잘못했으니 고쳐라”가 아니라 고쳐 쓰면 더 좋아질 수 있다고 방법을 제안해 주세요.

자기 생각, 자기 글에 책임지는 아이

아이가 자기 생각을 표현한 자기 글에 주인의식을 느끼게 해 주세요. 매일 쓰는 에세이에 글쓴이 이름을 꼭 쓰게 해 주세요. 그리고 자주 일러 주세요.

“네가 쓴 글은 네 생각이고 너의 지식이야. 잘 지켜야 해.”

마찬가지로 다른 사람이 쓴 글도 다른 사람의 생각이고 지식이므로 지켜 주어야 한다고 강조해 주세요. 내 글, 내 생각이 내 재산이나 다름없듯, 남의 생각, 남의 지식이 그 사람의 재산이라는 것을 알면 아이는 표절하지 않습니다.

하버드 대학교에서는 표절에 매우 엄격합니다. 글쓰기 수업에서도 남의 글을 무단 도용하거나 표절하지 않도록 가르칩니다. 하버드 키즈인 우리 아이도 표절이나 남의 글을 훔쳐 쓰는 것은 절대 해선 안 되는 잘못이라고 알게 해 주세요. 자기가 쓴 글에 책임질 줄 아는, 남의 글 한 줄 함부로 대하지 않는 아이라면 인성도 수준급일 테지요.

나가는 글

글쓰기가 아이에게 날개를 달아 주도록

제 아이는 '엄친아'입니다. 아이는 중고등학교 6년 동안 매일 글을 썼고, 그 글을 사이에 두고 엄마와 매일 대화하며 '엄마와 친한 아이'가 되었습니다. 대학교 4학년 2학기를 핀란드에서 교환학생으로 보내던 무렵, 아이는 제법 우쭐해하는 문자를 보냈습니다. 뭔가를 접하면 그것의 원리와 본질을 꿰뚫어 보는 능력이 있다며 이렇게 말하네요?

"엄마 덕분에 읽고 쓰는 능력이 생겨서 유럽 아이들 사이에서도 제 말글이 잘 통해요."

사실 여부보다 스스로 그러한 능력을 가졌다고 믿고, 또 그것이 엄마 덕분이라 여긴다니 어찌나 좋은지요.

이제 제 아이는 성인이고 대학 입시와 하등 관련이 없지만 수시로 달라지는 대학 입시 제도에 엄마들이 발을 동동 구른다는 뉴스를 접하면 여태 마음이 저립니다. 한번 엄마는 평생 엄마니까요.

제 아이는 90년대생입니다. 그 무렵 대입에서는 이른바 금수저 전형이 극성을 떨었습니다. 그런 터라 아이가 중학생이 되자 저의 고심도 깊어졌습니다. 무엇을 어떻게 도와야 할지 깜깜했습니다. 당시 우리는 여차저차 전라남도 땅끝에 살았고 당시만 해도 그곳엔 사교육 업체가 별로 없었습니다. 아니, 밑 빠진 독에 물 붓듯 한다는 사교육비를 댈 자신이 없었어요. 돈 댈 능력이 있다 해도 사교육이 어떤 결과를 낼는지도 미심쩍었습니다. 사실 그 무렵엔 아이도 공부에 그리 관심이 없었답니다. 그럼 어떻게 한다?

불안과 두려움, 궁금증이 뒤섞인 감정으로 탐색을 시작했습니다. 'SKY 대학 진학하면 다 되나?' 하는 의문을 가지고 뒤졌더니 SKY 졸업생들은 하버드 등 해외 명문 대학을 나오지 못해 아쉬워한다는 것을 알았습니다. '그렇다면 하버드생들은 뭘 어떻게 배우지?' 하며 뒤져 보았습니다.

하버드 대학교는 학생들을 리더로 키우기 위해 논리적 사고력을 길러 주는 것을 우선으로 한다 했고, 이를 위해 읽고 쓰기를 집중적으로 가르친다는 것을 발견했습니다. '아하! 읽고 쓰기를 시키자.' 읽고 쓰기라면 집에서 내 능력으로 가능할 것이라 생각했습니다. 당장 아이와 협상했습니다.

"학원 보내지 않을 테니 매일 블로그 쓰자!"

글을 쓰게 하는 것만으로 아이의 생각하는 능력부터 읽는 능력까지 한꺼번에 다 해결될 것이라는 사실을 오랜 시간 글밥 먹은 경험으로 이미 알고 있었으니까요. 매일 쓰게 하는 것만으로 하버드생처럼 근사한 리더로 자라게 할 수 있다는 기대감과 자신감이 생겼습니다. 미국 아이들이 융합적 사고력 개발을 위해 수업 전에 15분씩 글을 쓴다는 사실을 알게 된 것은 이보다 훨씬 후의 일입니다. 그날부터 아이는 매일 썼습니다.

블로그에 그날치 글을 쓰면 학원 안 가도 되니까, 매일 쓰겠다는 약속을 지키면 마음 편하게 인터넷 게임을 해도 되니까… 아마 그 재미에 아이는 매일 썼을 것입니다. 저는 아이가 쓴 글에 댓글을 다는 재미에 빠져 새벽에 일어나는 습관까지 덤으로 얻었습니다.

아이가 매일 쓰기만 하면 그것으로 충분했습니다. 다른 잔소리는 안 했습니다(라고 저는 기억합니다만). 아이는 수능 시험 보기 전날까지 썼습니다. 매일 쓰면서 아이는 생각이 자라는 것을 스스로 느끼고, 매일 쓰면서 쓰는 재미를 알아 갔습니다. 매일 만나는 글 속에서 아이는 생각이 무럭무럭 자랐습니다. 매일 쓴 글에서 다 보였습니다. 아이는 정시로 단번에 '인서울' 했습니다.

제 아이는 지금도 '엄친아'입니다. 글 쓰는 엄마에게 설거지는 어울리지 않는다고 인턴 하며 번 돈으로 식기세척기를 선물하는 '엄마에게 친절한 아이'입니다. 제 아이가 내내 엄친아인 비결은 아이가 쓴 글에 매일 감격해하고 그 글을 사이에 두고 이야기를 나눈 시간 덕분이라 생각합니다. 어디에서 살 수 없고 속성으로 만들어 낼 수 없는 귀한 경험 덕분입니다. 당신도 이런 특별한 시간을 경험하면 좋겠습니다. 당신과 당신 아이에게 꼭 맞는 글쓰기 사교육을 집에서 해 보면 좋겠습니다.

헬렌 켈러를 있게 한 설리번 선생님은 어린 헬렌이 팔을 내달라 할 때마다 지팡이를 사용하게 했다고 합니다. 어린 헬렌이 책을 읽어 달라 하면 점자책 읽기를 가르쳐 직접 읽게 했다고 합니다. 설리번 선생님은 도움을 청하는 헬렌에게 도구를 쥐어 주었습니다. 그 결과 헬렌은 말하지도 듣지도 보지도 못하는 장애를 극복하고 주옥

같은 《사흘만 눈뜰 수 있다면》을 쓰고 사회복지사업가, 교육자로 빛나는 삶의 자취를 남길 수 있었지요.

"자유롭고 독립적인 한 인간으로 서게 하려면 말을 가르치고 의미를 알게 하고 표현할 수 있어야 한다고 생각했다."

이렇게 말한 설리번 선생님처럼, 우리도 아이에게 '하버드생처럼 하루 10분 글쓰기'라는 도구를 쥐어 주면 좋겠습니다. 글쓰기가 아이에게 날개를 달아 주도록.

하버드생처럼 하루 10분 글쓰기 워크북

_ '하버드생처럼 하루 10분 글쓰기' 21일 과정 워크시트
_ '하버드생처럼 하루 10분 글쓰기' 연습용 주제 예시

'하버드생처럼 하루 10분 글쓰기 워크북' 사용법

1. '하버드생처럼 하루 10분 글쓰기 워크북'은 미국 아이들이 학교와 집에서 연습하는 '오레오 라이팅 기법(OREO Writing Method)'을 바탕으로 만들었습니다. 하버드 대학교에서 4년 내내 가르치는 글쓰기 수업의 핵심 기법이자, 컨설팅 업체 맥킨지 같은 세계 최고의 두뇌 집단에서 논리적 사고를 연습할 때 사용하는 방법입니다. 우리 아이도 이 워크북으로 매일 10분씩 생각하고 쓰는 시간을 갖게 해 주세요.

2. 이 워크북은 하버드생처럼 논리적으로 생각하고 글을 쓰게끔 3단계로 차근차근 안내합니다. "노트에 그냥 써 봐"라고 해서는 아이들이 고민만 하다가 말겠지요. 틀을 갖춰 생각하게 유도하는 워크북은 아이가 생각을 더 잘하게 합니다. 무엇을 어떻게 하면 되는지가 분명한 활동지를 쥐어 주면 아이가 한결 수월하게 연습할 수 있습니다.

3. 초등 4학년이 되면 읽고 경험하고 배운 것을 분별하고 이해하고 정리해서 표현할 수 있어야 합니다. 논리적 사고의 기초 단계까

지 정신이 성장해야 합니다. 교과 과정도 4학년부터는 논리적 사고를 필요로 합니다. 이 워크북으로 매일 10분씩만 쓰게 도와주면 아이의 뇌가 논리정연하게 생각하는 뇌로 세팅됩니다.

4. 이 워크북은 21일 동안 '하버드생처럼 하루 10분 글쓰기'를 연습할 수 있는 워크시트로 구성되어 있습니다. 이 책에서 설명한 하버드 글쓰기 비법과 다음 쪽에 소개한 워크시트 작성 예시를 참고해서 매일 한 편씩 작성하게 도와주세요.

5. 아이가 스스로 주제를 정해 연습하는 것이 최상이지만, 주제가 잘 떠오르지 않으면 글쓰기를 연습할 기회 자체가 생기지 않을 수 있지요. 이럴 땐 엄마가 슬쩍 주제를 전해 주기로 합니다. 부록 맨 뒤에 초등학생 관심사 설문을 토대로 글쓰기 연습용 주제를 추려 놓았습니다. 워크시트를 작성할 때 참고하시면 좋습니다.

주제를 제시할 때는 사회적 이슈를 반영하거나, 아이의 호기심과 관심사를 반영하거나, "왜?" 하고 넌지시 이유를 묻는 방식이 좋습니다. 다만, 아이의 속내를 떠보거나 아이를 조종하려는 질문은 피하시는 게 좋아요.

('하버드생처럼 하루 10분 글쓰기' 주제는 계속 업데이트해 드립니다. www.돈이되는글쓰기.com에서 안내받으세요.)

❶ **하버드생처럼 하루 10분 글쓰기**

이름 : 김보람 **날짜 :** 7월 1일

1 일 ❺

❷ **1단계** **주제 만들기**	내 용돈 내가 관리하기
❸ **2단계** **오레오 공식으로 쓸거리 만들기**	**Opinion 의견 주장하기** 나는 명절에 친척에게 받는 용돈을 내가 관리하면 좋겠다고 생각한다. **Reason 이유 제시하기** 왜냐하면 그래야 나도 돈 관리를 잘하게 될 것 같기 때문이다. **Example 사례 제시하기** 예를 들면 내 친구들은 용돈을 받을 때마다 용돈 기입장에 쓰고 은행에 저금도 한다. **Opinion 의견 강조하기** 그래서 내 용돈은 내가 관리하고 싶다. 친척에게 용돈을 받을 때마다 용돈 기입장에 빠짐없이 적겠다. 돈은 엄마에게 드려서 내 통장에 저금하겠다.
❹ **3단계** **쓸거리를 연결해 1문단 에세이 완성하기**	나는 명절에 친척에게 받는 용돈을 내가 관리하면 좋겠다고 생각한다. 왜냐하면 그래야 나도 돈 관리를 잘하게 될 것 같기 때문이다. 예를 들면, 내 친구들은 용돈을 받을 때마다 용돈 기입장에 쓰고 은행에 저금도 한다. 친척에게 용돈을 받을 때마다 용돈 기입장에 빠짐없이 적겠다. 돈은 엄마에게 드려서 내 통장에 저금하겠다.

❶ 워크시트는 3단계로 연습합니다. 1단계 주제를 정하고, 2단계 오레오 공식으로 4줄로 된 쓸거리를 만들고, 3단계 각 줄을 연결하여 1문단 에세이를 완성합니다.

❷ 핵심 단어에 의견을 보태면 주제가 선명해집니다. '용돈'보다 '내 용돈 내가 관리하기'로 표현하면 쓸 내용이 분명해집니다.

❸ 각 줄은 완전한 문장으로 써야 합니다. 아이에게 생각을 쉽게 끌어내는 문장식을 다음과 같이 알려 주세요.
의견 주장하기 : "내 생각은 ~이야."
이유 제시하기 : "왜냐하면~"
사례 제시하기 : "예를 들면~"
의견 강조하기 : "그래서 ~하면 좋겠어."

❹ 2단계에서 쓴 4줄을 연결하여 1문단 에세이를 완성합니다. 짧지만 논리정연하게 생각을 만들고 표현합니다.

❺ 어떤 일을 21일 동안 꾸준히 하면 습관이 됩니다. 아이가 하루 10분씩 꾸준히 할 수 있도록 옆에서 도와주세요. (www.돈이되는글쓰기.com에서 워크시트 파일을 다운로드받아 사용해도 좋습니다.)

하버드생처럼 하루 10분 글쓰기

1 일

이름 : 날짜 :

1단계 주제 만들기	
2단계 오레오 공식으로 쓸거리 만들기	Opinion 의견 주장하기 Reason 이유 제시하기 Example 사례 제시하기 Opinion 의견 강조하기
3단계 쓸거리를 연결해 1문단 에세이 완성하기	

하버드생처럼 하루 10분 글쓰기

2 일

이름 : 날짜 :

1단계 주제 만들기	
2단계 오레오 공식으로 쓸거리 만들기	Opinion 의견 주장하기 Reason 이유 제시하기 Example 사례 제시하기 Opinion 의견 강조하기
3단계 쓸거리를 연결해 1문단 에세이 완성하기	

하버드생처럼 하루 10분 글쓰기

이름 : 날짜 :

3 일

1단계 주제 만들기	
2단계 오레오 공식으로 쓸거리 만들기	Opinion 의견 주장하기 Reason 이유 제시하기 Example 사례 제시하기 Opinion 의견 강조하기
3단계 쓸거리를 연결해 1문단 에세이 완성하기	

하버드생처럼 하루 10분 글쓰기

4 일

이름 :　　　　　　날짜 :

1단계 주제 만들기	
2단계 오레오 공식으로 쓸거리 만들기	Opinion 의견 주장하기 Reason 이유 제시하기 Example 사례 제시하기 Opinion 의견 강조하기
3단계 쓸거리를 연결해 1문단 에세이 완성하기	

하버드생처럼 하루 10분 글쓰기

5 일

이름 : 날짜 :

1단계 주제 만들기	
2단계 오레오 공식으로 쓸거리 만들기	Opinion 의견 주장하기 Reason 이유 제시하기 Example 사례 제시하기 Opinion 의견 강조하기
3단계 쓸거리를 연결해 1문단 에세이 완성하기	

하버드생처럼 하루 10분 글쓰기

이름 :　　　　　　날짜 :

6 일

1단계 주제 만들기	
2단계 오레오 공식으로 쓸거리 만들기	Opinion 의견 주장하기 Reason 이유 제시하기 Example 사례 제시하기 Opinion 의견 강조하기
3단계 쓸거리를 연결해 1문단 에세이 완성하기	

하버드생처럼 하루 10분 글쓰기

이름 : 날짜 :

7 일

1단계 주제 만들기	
2단계 오레오 공식으로 쓸거리 만들기	Opinion 의견 주장하기 Reason 이유 제시하기 Example 사례 제시하기 Opinion 의견 강조하기
3단계 쓸거리를 연결해 1문단 에세이 완성하기	

하버드생처럼 하루 10분 글쓰기

8 일

이름 : 날짜 :

1단계 주제 만들기	
2단계 오레오 공식으로 쓸거리 만들기	Opinion 의견 주장하기 Reason 이유 제시하기 Example 사례 제시하기 Opinion 의견 강조하기
3단계 쓸거리를 연결해 1문단 에세이 완성하기	

하버드생처럼 하루 10분 글쓰기

9 일

이름 : 날짜 :

1단계 주제 만들기	
2단계 오레오 공식으로 쓸거리 만들기	Opinion 의견 주장하기 Reason 이유 제시하기 Example 사례 제시하기 Opinion 의견 강조하기
3단계 쓸거리를 연결해 1문단 에세이 완성하기	

하버드생처럼 하루 10분 글쓰기 이름 : 날짜 :	10일
1단계 주제 만들기	
2단계 오레오 공식으로 쓸거리 만들기	Opinion 의견 주장하기 Reason 이유 제시하기 Example 사례 제시하기 Opinion 의견 강조하기
3단계 쓸거리를 연결해 1문단 에세이 완성하기	

하버드생처럼 하루 10분 글쓰기 이름 :　　　　　날짜 :	11 일
1단계 주제 만들기	
2단계 오레오 공식으로 쓸거리 만들기	Opinion 의견 주장하기 Reason 이유 제시하기 Example 사례 제시하기 Opinion 의견 강조하기
3단계 쓸거리를 연결해 1문단 에세이 완성하기	

하버드생처럼 하루 10분 글쓰기

12일

이름 : 날짜 :

1단계 주제 만들기	
2단계 오레오 공식으로 쓸거리 만들기	Opinion 의견 주장하기 Reason 이유 제시하기 Example 사례 제시하기 Opinion 의견 강조하기
3단계 쓸거리를 연결해 1문단 에세이 완성하기	

하버드생처럼 하루 10분 글쓰기 이름 : 날짜 :	**13일**
1단계 주제 만들기	
2단계 오레오 공식으로 쓸거리 만들기	Opinion 의견 주장하기 Reason 이유 제시하기 Example 사례 제시하기 Opinion 의견 강조하기
3단계 쓸거리를 연결해 1문단 에세이 완성하기	

하버드생처럼 하루 10분 글쓰기 이름 :　　　　날짜 :	14일
1단계 주제 만들기	
2단계 오레오 공식으로 쓸거리 만들기	Opinion 의견 주장하기 Reason 이유 제시하기 Example 사례 제시하기 Opinion 의견 강조하기
3단계 쓸거리를 연결해 1문단 에세이 완성하기	

하버드생처럼 하루 10분 글쓰기

15일

이름 : 날짜 :

1단계 주제 만들기	
2단계 오레오 공식으로 쓸거리 만들기	Opinion 의견 주장하기 Reason 이유 제시하기 Example 사례 제시하기 Opinion 의견 강조하기
3단계 쓸거리를 연결해 1문단 에세이 완성하기	

하버드생처럼 하루 10분 글쓰기

16 일

이름 :　　　　　　날짜 :

단계	
1단계 주제 만들기	
2단계 오레오 공식으로 쓸거리 만들기	Opinion 의견 주장하기 Reason 이유 제시하기 Example 사례 제시하기 Opinion 의견 강조하기
3단계 쓸거리를 연결해 1문단 에세이 완성하기	

하버드생처럼 하루 10분 글쓰기 이름 : 날짜 :	17일
1단계 주제 만들기	
2단계 오레오 공식으로 쓸거리 만들기	Opinion 의견 주장하기 Reason 이유 제시하기 Example 사례 제시하기 Opinion 의견 강조하기
3단계 쓸거리를 연결해 1문단 에세이 완성하기	

하버드생처럼 하루 10분 글쓰기

이름 :　　　　　　날짜 :

18일

1단계 주제 만들기	
2단계 오레오 공식으로 쓸거리 만들기	Opinion 의견 주장하기 Reason 이유 제시하기 Example 사례 제시하기 Opinion 의견 강조하기
3단계 쓸거리를 연결해 1문단 에세이 완성하기	

하버드생처럼 하루 10분 글쓰기

19 일

이름 : 날짜 :

1단계 주제 만들기	
2단계 오레오 공식으로 쓸거리 만들기	Opinion 의견 주장하기 Reason 이유 제시하기 Example 사례 제시하기 Opinion 의견 강조하기
3단계 쓸거리를 연결해 1문단 에세이 완성하기	

하버드생처럼 하루 10분 글쓰기

20일

이름 :　　　　　　날짜 :

1단계 주제 만들기	
2단계 오레오 공식으로 쓸거리 만들기	Opinion 의견 주장하기 Reason 이유 제시하기 Example 사례 제시하기 Opinion 의견 강조하기
3단계 쓸거리를 연결해 1문단 에세이 완성하기	

하버드생처럼 하루 10분 글쓰기

이름 : 날짜 :

21 일

1단계 주제 만들기	
2단계 오레오 공식으로 쓸거리 만들기	Opinion 의견 주장하기 Reason 이유 제시하기 Example 사례 제시하기 Opinion 의견 강조하기
3단계 쓸거리를 연결해 1문단 에세이 완성하기	

'하버드생처럼 하루 10분 글쓰기' 주제 예시

- 어제는 왜 그렇게 학교에 가기 싫었어? 이유가 뭐 같아?
- 최근에 읽은 책 중에 ○○(친구 이름)에게 권하고 싶은 거 있어? 왜 권하고 싶은데?
- 요즘 들어 좋아진 과목이 있니? 왜 그럴까?
- 요즘 들어 싫어진 과목이 있니? 왜 그럴까?
- 엄마는 학교 다닐 때 수학이 없으면 좋겠더라. 너는 그런 과목 없어?
- 학교 공부 말고 배우고 싶은 거 있니?
- 만일 또다시 코로나 19 사태처럼 학교에 갈 수 없는 상황이 된다면 어떻게 공부하면 좋을까?
- 가장 기억에 남는 체험 학습은 뭐야? 왜 기억에 남을까?
- 어제 학교에서 올 때 왜 그렇게 기분이 안 좋았어? 이유는 생각해 봤어?
- 어제 학교에서 올 때 왜 그렇게 기분이 좋았어? 이유가 뭐였을까?
- 오늘 학교에서 뭐 재미난 일 없었어? 궁금해.
- 공부하기 힘들지? 공부하기 싫을 땐 어떻게 하는지 궁금하네.
- 가끔 학교 가기 싫을 때가 있지? 왜 그럴까?
- 학원이나 과외 중 그만하고 싶은 게 있니? 왜 그만하고 싶어?

- 배워 보고 싶은 공부나 취미활동 있어? 왜 그게 좋아 보여?
- 엄마는 학교 다닐 때 별명이 깜치였어. 까무잡잡하다고. 친구들이 부르는 네 별명은 뭐야?
- 네가 생각하는 너의 장점은 뭐야?
- 친구들이 생각하는 너의 최고 장점은 뭔지 들어 봤어?
- 최근에 가장 걱정했던 일은 뭐야? 어떻게 해결했어?
- 만일 누군가 네 소원을 무조건 들어준다면 나중에 커서 무슨 일을 하고 싶어?
- 왜 그 일을 하고 싶어?
- 나중에 그 일을 하려면 지금 뭘 준비해야 할 것 같아? 하나만 말해 볼까?
- 좋아하는 것 10가지 써 볼래? 써 놓고 공통점이 뭔지 찾아 봐.
- 싫어하는 것 10가지 써 볼래? 써 놓고 공통점이 뭔지 찾아 봐.
- 학원 다니기 싫다고? 그럼 어떻게 하면 친구들보다 처지지 않을 수 있을까?
- 좋아하는 공부나 과목이 있니? 어떤 점이 좋아?
- 하기 싫은 공부나 과목이 있니? 어떤 점이 싫어?
- 요새 학교 그만두는 아이들이 제법 많대. 넌 그런 생각 해 본 적 없어?
- 무한정 놀 수 있다면 뭘 하고 싶어?

- 무한정 놀 때 누구랑 함께하고 싶어? 그 이유는?
- 어떤 칭찬을 들을 때 기분이 제일 좋아? 왜 그런 것 같아?
- 들으면 기분이 나빠지는 말이 있어? 왜 그런 것 같아?
- 어른이 되면 맨 먼저 해 보고 싶은 일이 뭐야? 왜 그 일을 하고 싶지?
- 어른 중에 꼭 한번 만나 보고 싶은 사람이 있어? 왜?
- (여자 아이라면) 너는 나중에 아이 낳고 일 계속 할 거야? 왜?
- (남자 아이라면) 나중에 결혼해서 네 아내가 아이 낳고 계속 일하길 바라? 왜?
- 요즘 네가 가장 많이 검색하는 게 뭐야? 그게 왜 궁금하니?
- 네가 삼성이나 애플 사장이라면 스마트폰에 어떤 기능을 넣고 싶어?
- 원하는 대로 대학에 갈 수 있다면 어느 대학, 어느 학과에 가고 싶니? 왜?
- 최근에 부모님에게 화가 났을 때가 언제였어?
- 최근에 부모님이 자랑스러울 때는 언제였어?
- '엄마, 아빠, 제발 이것만은 하지 마세요' 하는 게 있니?
- '엄마, 아빠, 제발 이것만은 해 주세요' 하는 게 있니?
- (외동의 경우) 다시 태어나도 외동이 되고 싶어? 이유는?
- 닮고 싶은 친구가 있어? 어떤 점이 좋아? 그 친구처럼 되려면 무엇을 해야 할까?
- 친구에게 크게 화가 났던 적은? 이유는?

- 너를 좋아하는 친구가 있다면 그 이유가 뭐일 것 같아?
- 엄마가 하는 말 중에 쓸데없는 고민이다 싶은 것이 있어? 왜 쓸데없을까?
- 어른들이 나를 무시한다고 생각될 때는 언제야?
- 친구가 네가 싫어하는 행동을 자주 하면 어떻게 하니?
- 네가 짝사랑하는 친구가 너에게 눈길도 안 주면 어떻게 할 거야?
- 유명인 중에 따라 하고 싶은 사람 있어? 왜 그 사람이야?
- SNS를 하면서 제일 힘든 게 어떤 거니?
- 다들 SNS 하느라 난리인데, 너는 왜 안 해?
- 네 SNS에 누군가가 이상한 댓글을 달면 어떻게 하니?
- 너 게임 자주 하잖아. 네가 그 게임 제작자라면 뭘 바꾸고 싶어?
- 왜 유튜브를 하니? 혹은 왜 인스타그램을 하니? 다른 SNS도 많은데.
- 책이 좋아, 유튜브 같은 영상이 좋아? 왜 그런 것 같아?
- 너는 SNS의 어떤 포스트에 '좋아요'를 주는 것 같아?
- SNS를 하면서 사귄 친구 있어? 어떻게 마음이 통했을까?
- SNS 친구를 실제로 만난 적 있어? 만나 보고 싶지 않아?
- 다음 생일에 선물 받는 거 말고 하고 싶은 거 있을까?
- 1년 중 가장 기다리는 날은 언제야? 왜?
- 1년 중 가장 싫은 때는 언제야? 왜?
- 엄마에게 야단을 듣거나 학교에서 꾸중을 들으면 어떻게 풀어?

- 엄마가 나를 사랑하는구나 하고 생각할 때는 언제야?
- 아빠가 나를 사랑하는구나 하고 생각할 때는 언제야?
- 선생님이나 친구가 너를 오해하면 어떻게 하니?
- 엄마가 무슨 말을 해 줄 때 제일 좋아? 왜 그렇지? 엄마가 한 말 중에 가장 싫은 말이나 행동이 뭐야? 왜 그럴까?
- 좋아하는 아이 있어? 고백했어? 만일 네가 고백을 받는다면 어떤 방법이 좋을 것 같아?
- 고민이 있을 때 주로 누구랑 상의하니? 왜 그 사람에게 상의해?
- 네가 제일 싫어하는 순간이 언제야? 왜 그게 그렇게 싫을까?
- 친구들이랑 이야기하면 듣는 편이야, 하는 편이야? 그것에 만족하니?
- 이것 좀 잘하면 좋겠다고 희망하는 게 있니? 그게 왜 부러워?
- 요새 초등학생도 화장을 하잖아. (남자 아이라면) 화장한 친구가 어때?
- 요새 초등학생도 화장을 하잖아. (여자 아이라면) 너도 하고 싶니? 왜?
- (화장하는 아이라면) 화장을 할 때 제일 신경쓰는 게 뭐니?
- 외모 중 가장 신경쓰이는 부분이 어디야?
- 연예인이나 유명인 중 어떤 외모를 닮고 싶어? 이유는?
- 외모가 중요하긴 한데, 그렇지 않다고 하는 사람도 많아. 너는 어때?
- 친구 중에 그리 예쁘지는 않은데 매력 있다고 생각하는 아이가 있니? 왜 그런 것 같아?

- 마법사 지니가 무엇이든 다 이뤄지는 램프를 준다면 뭘 소원할래?
- 요즘엔 초등학생부터 성형수술을 한다더라. 네 생각은 어때?
- 화장품 산 거 있어? 왜 하필 그걸 샀니?
- 화장하면서 고민되는 거 있어?
- 오늘 인터넷 보다가 흥미로운 거 있었니? 그게 왜 흥미로웠어?
- 요즘 초등학생들 욕을 많이 한다는데, 너도 그러니?
- 그런데 왜 그렇게 욕을 많이 하는 걸까?
- 화가 나거나 기분이 좋지 않을 때 어떤 식으로 달래 주면 좋아? 맛있는 음식? 어깨를 도닥도닥? 위안하는 말? 내버려 두기?
- 너의 생활습관 중에서 자랑하고 싶은 게 있어?
- 너의 생활습관 중에서 꼭 고치고 싶은 게 있다면?
- 만일 누군가 너를 자꾸 괴롭히면 어떻게 할 거야?
- 동네에서 자주 보던 어른이 너를 자꾸 쓰다듬거나 하면 어떻게 할 것 같아?
- 너에게 잔소리하는 친구 없니? 그런 친구가 있으면 어떻게 하면 좋을까?
- 노래, 무용, 그림 등 예술적인 취미 활동 중 하고 싶은 게 있어? 왜 그게 하고 싶을까?
- 우리 집이 더 좋아지려면 어디를 손보면 좋을까?
- 게임, SNS, 책 읽기, 친구와 놀기 중 네가 가장 좋아하는 휴식은

어떤 거야? 왜 그것이 좋을까?

- 네가 제일 먹기 싫어하는 음식이 뭐야? 왜 그렇게 싫어?
- 네가 제일 좋아하는 음식이 뭐야? 왜 그렇게 좋아?
- 어른들이 하는 말 중에 가장 이해가 안 가는 게 뭐야? 그것에 대한 네 생각은?

초등학생을 위한

150년 하버드 글쓰기 비법

1판 1쇄 2020년 6월 17일
1판 5쇄 2021년 6월 17일

지은이 송숙희
펴낸이 유경민 노종한
기획편집 유노라이프 박지혜 구혜진 **유노북스** 이현정 함초원 조혜진 **유노책주** 김세민 이지윤
기획마케팅 1팀 우현권 이상운 **2팀** 정세림 유현재 정혜윤 김승혜
디자인 남다희 홍진기
기획관리 차은영
펴낸곳 유노콘텐츠그룹 주식회사
법인등록번호 110111-8138128
주소 서울시 마포구 월드컵로20길 5, 4층
전화 02-323-7763 **팩스** 02-323-7764 **이메일** info@uknowbooks.com

ISBN 979-11-969975-4-0 (13590)

• — 책값은 책 뒤표지에 있습니다.
• — 잘못된 책은 구입하신 곳에서 환불 또는 교환하실 수 있습니다.
• — 유노북스, 유노라이프, 유노책주는 유노콘텐츠그룹의 출판 브랜드입니다.